为了人与书的相遇

筑本
建日

现代与传统

[日]五十岚太郎 著

寇佳意 译

广西师范大学出版社
·桂林·

NIHON KENCHIKU NYUMON by Taro Igarashi

Copyright © Taro Igarashi 2016

All rights reserved.

Original Japanese paperback edition published by Chikumashobo Ltd.
This Simplified Chinese language edition published by arrangement with
Chikumashobo Ltd., Tokyo in car of Tuttle-Mori Agency, Inc., Tokyo

著作权合同登记图字：20-2020-168

图书在版编目(CIP)数据

建筑日本：现代与传统 / (日) 五十岚太郎著；寇
佳意译. -- 桂林：广西师范大学出版社, 2021.1

ISBN 978-7-5598-3480-5

Ⅰ. ①建… Ⅱ. ①五… ②寇… Ⅲ. ①建筑艺术－研
究－日本 Ⅳ. ①TU-863.13

中国版本图书馆CIP数据核字(2020)第264477号

广西师范大学出版社出版发行

　广西桂林市五里店路9号　邮政编码：541004
　网址：www.bbtpress.com

出　版　人：黄轩庄
责任编辑：马步匀
特约编辑：周　玲
装帧设计：张　卉
内文制作：陈基胜
全国新华书店经销
发行热线：010-64284815
山东韵杰文化科技有限公司

开本：787mm×1092mm　1/32
印张：10.25　字数：172千字
2021年1月第1版　2021年1月第1次印刷
定价：69.00元

如发现印装质量问题，影响阅读，请与出版社发行部门联系调换。

目　录

序论　为何建筑会与日本关联

近代与传统

在谈论传统风格或日本风格时，为什么总拿日本近代之前的情况做参照？原因在于，文化与技术在当时并不能像今天一样跨越地域与国境自由往来交互。

因此，在各个场所中建造出来的建筑，也必然是既适应当地气候与环境，遵循木头或石头等可从自然界获取的建材条件，同时也符合人们习俗的独一无二的建筑。这些正是近代之后被逐渐称为日本传统的东西。

如果对外部世界没有认知，没有与外国进行过比较，就不会产生出建筑就是传统本身的强烈想法，对于国家的意识也一定是淡薄的。也就是说，正是因为现代主义运动——试图在全世界建造相同建筑的运动——的兴起，场所性的概念才在对它的批判过程中被发现。

近代建筑，正如它在美国被命名为"国际主义风格（International Style）"一样，致力于使用钢铁、玻璃、混凝土这些一成不变的材料与结构形式，通过同质化的设计，使其遍布地球表面。

然而，世界并不会如此轻易地变成同一个模样。由于世界各地存在着炎热、寒冷、多雨、少雨、潮湿、干旱等各式迥异的气象条件，且人们的生活习惯各有不同，所以即使在各地导入相同的设计也必然会产生龃龉。况且空调设备在近代尚未充分普及，就算在提倡节能的今天，想必也没有人能说"打开空调问题不就都解决了吗"这样的话吧。另外，日本无论实现了何种程度的现代化，进入室内时脱鞋的习惯仍然根深蒂固。它不仅存在于住宅之中，在小学等公共设施及部分餐饮店内也同样常见。这种雷打不动的坚持，大概在将来也不会改变。

20世纪60年代以后，对将世界均质化的现代主义进行批判的尝试逐渐受到关注，建筑界将这一运动统称为后现代主义运动。而地域性与历史性，即所谓的传统，是后现代主义运动的线索之一。它也是日本建筑界在近代讨论过的最为重要的论题。

实际上，日本在20世纪60年代之前，从近代初期就已经开始直面这一问题。在欧洲，样式建筑——古典主义与哥特式等使用砖石材料的砌体结构建筑，在经历了漫长的历史时期后实现了高度的成就，后来现代主义运动又通过对这一传统的反抗与否定令自己蓬勃发展。

而另一方面，日本在结束江户时代的闭关锁国、迎来明治时代的文明开化后，首先引进的是西洋的样式建筑。大学在进行学院派建筑教育的同时，木工匠人也以边看边学的方式模仿着这些新的意匠，并创造出了"拟洋风"建筑[1]。正当日本刚刚在一定程度上完成了对西洋建筑的吸纳之时，近代建筑又在大洋彼岸登场，于是现代主义建筑成了下一个引进的对象。也就是说，对于日本而言，样式建筑与现代主义建筑并不是对立的，二者都是舶来的设计，只是它们与日本传统的割裂点不同而已。

样式建筑与现代主义建筑，都是从有别于日本传统木造建筑的材料中诞生的建筑。不过，意欲彰显与西方列强对等的国家形象的日本，仍积极地为模仿这些建筑付出努力。在这个过程中，出现了所谓"什么才是日本"的身份认同问题。

日本把西洋当作范本，全力追赶其脚步，却在偶作停

---

1 "拟洋风"建筑：明治初期，由掌握了近代技术的木工匠人首领设计并建造的建筑。这类建筑在保持西洋建筑造型的同时，还融合了西式、和式及零星的中式元素。——译注（本书脚注如无特别标注，均为译注）

歇时产生了疑虑。虽然工学技术可以通过御雇外国人[1]与海外留学的方式获取，然而建筑却并非是纯粹的技术产物。如果所有人都能满足于照原样复制空壳的话就简单了，但是设计还需要对文化进行表达并成为文化的象征。而此时的疑问是，在移植西洋技术体系的同时，是否也应当照单全收西洋的设计。之所以产生这样的疑问，是因为我们的生活与从希腊某地或巴黎周边诞生的建筑样式并没有关系。

明治时代创立建筑学科时，西洋建筑史就已被编入了教学大纲，当时日本建筑史尚是一门空白学科。文艺复兴与哥特等样式也不是历史样式，而是可以直接拿来用在设计上的素材。在当时，还有过到访英国的辰野金吾在被问到日本建筑的历史时难以作答的著名轶事。在那之后，以伊东忠太等人的研究为嚆矢，日本建筑史的系统性研究才逐渐开始。

技术层面上也出现了常规方法无法解决的问题，问题的症结在于日本是一个地震频发的国家。1891 年浓尾地震，导致砖造建筑遭受了毁灭性的破坏。西洋的结构形式或许适用于完全没有地震灾害的地区，却难以在日本发挥作用。

---

1 御雇外国人：幕府时代末期至明治时代，日本政府为实现"殖产兴业"和引进欧美的先进技术、学术、制度而雇佣的外国人。

出于对结构安全的迫切需求，日本的抗震研究在那之后取得了跨越式的进步。

为了创造新建筑圈

在此回顾一下日本最早拥有自主意识的近代建筑运动。

1920 年，东京大学毕业的堀口舍己与山田守等人成立了分离派建筑会。"吾辈将奋起。为了从过去的建筑圈中脱离出来，去创造赋予一切建筑真正意义的新建筑圈。"这曾是他们的著名宣言。

后来，这些成员成了建筑界的核心人物，并于 1932 年出版了名为《建筑样式论丛》的大部头文集。该书围绕"日本特质"问题进行了热烈讨论。装点卷头与卷尾的《茶室的思想背景与其构成》和《关于现代建筑中的日本趣味》两篇论文，均出自编者堀口舍己之手。堀口曾在 20 世纪 20 年代游学途中到过希腊，在看到帕特农神庙时，被它完全不同于学校所学的真实感与存在感震撼。他后来承认，身为亚洲人，这不是自己能够轻易模仿的建筑。

明治初期几乎被人遗忘的法隆寺，由于日本首位建筑史学家伊东忠太的讨论，在当时就已经获得了重要古建筑的历史地位。伊东通过指出法隆寺与丝绸之路另一端的希腊建筑之间存在柱身收分的相似之处，从而炫技般地令法隆寺与建筑中的王者帕特农神庙建立起联系。于是，佛教建筑的系谱被视为标志性的设计，在需要表现日本特质的国家公共设施中时常被用来做参考。

不过堀口选择了另外一条探索路线。如今，数寄屋[1]与茶室已经被理所当然地看作日本重要的传统建筑形式，而堀口则是在这种认识发展的初期，就以建筑师的眼光发现了它的价值。他谈到，茶室虽是单纯的建造物，"但如果从造型美学的角度观察，可以发现它已经达到了极高的美学成就"。同时，非对称的茶室具有与帕特农神庙不同的特质，受其影响，"我国的普通住宅得以从徒劳无功的纪念性与无意义的装饰中抽身"。堀口在卷头的论文中，以兼顾功能与美感的茶室"将为今后的住宅建筑提供重大启发"作为结语。另外，吉田五十八也以1925年的欧洲之行为契机将目光转向日本，致力于建立近代新型数寄屋。

以什么作为日本建筑的范本

在阐述传统论时，"以什么作为日本建筑"的范本成为讨论的主线。是法隆寺、帕特农神庙还是茶室建筑？又或

---

1 数寄屋：相对于严整豪华的"书院造"，由茶人逐渐创立的一种朴素灵活的建筑形式。讲求排除刻板的建筑规制，省略无意义的建筑构件与装饰，依据个人喜好灵活设计。多与"茶室"同义。

者是以伊势神宫为代表的日本固有的神社建筑？还是从中国大陆传入的富有装饰性元素的寺院建筑？

正如布鲁诺·陶特讨论的那样，范本究竟是桂离宫—天皇的系谱，还是日光东照宫—将军的系谱？

这些讨论时常以二元对立的结构展开，有时甚至受到政治意识形态的纠缠。想必神佛分离令[1]与天皇制的社会背景，也会对设计的价值判断造成影响。事实上，也确实出现过建筑专业人士一边将靖国神社神门的洗练设计与现代主义联系，一边狂热地称赞其体现了日本建筑精髓的言论。当然，如果这座建筑真如他们所说的那样优秀也就罢了，但实际上它不过是一座在战后完全无人评论、几乎被无视的建筑。笔者也不认为它是一件值得大书特书的作品。由此可见，针对同一座建筑的评价可以有如此令人惊讶的不同。

或许在将来，我们现在的观点也会被批判为带有偏见，当然，我们也应对这种批判抱有怀疑。或许有一天，靖国神社神门会再次获得高度评价。因此，我们在探讨传统论

---

1 神佛分离令：又称神佛判然令，是庆应四年（1868年）由政府发布的一连串政令。该政令旨在打破传统日本社会"神佛习合"（神道与佛教融合统一的信仰体系）的格局，明确区分神道与佛教、神社与寺院，提升神道至等同国教的地位。这也导致了被称为"废佛毁释"的破坏佛教寺院、废除僧尼特权等攻击佛教的行为出现。

时不可妄下结论，至少应该做到在不断的自我批判中继续对建筑进行思考。

近年来，如"江户做派"[1]的流行一样，无史学考据及存在可能的所谓传统成了话题，并试图对一线教育产生影响。由当代投射出的意识形态，也使人们产生了理想的过往曾经存在的错觉。这实质上是对历史的篡改。

无论如何，对事物的评价会因时代与情况的不同而变化。井上章一在其著作中谈到，追溯围绕桂离宫与法隆寺的言论变迁可以发现，无论多么重量级的专家学者，都会受到来自大时代环境的影响。反之，时代的精神史也可以在检视当时的评价言论时浮现。

20世纪50年代，建筑杂志中掀起了绳文 VS 弥生的激烈争论。洗练的弥生，还是土著的绳文？不出所料的二元对立式的争论，但是争论却早已无法在比照各个时代的具体建筑中展开。换句话说，双方无意考究弥生建筑的真实样貌，而是依照对两个时代土器的印象来编织自己的理论。他们提出的是一种脱离考古学研究的、观念上的传统论的概念。另外，与伊势神宫、桂离宫等皇族的结构不同，弥

1　江户做派：由非营利组织"江户做派"提出的"江户时代的商人领袖间约定的行为准则与处世哲学"。因缺乏历史依据，被历史学家批评为历史"发明"。其言论被日本部分中小学德育教材收录。

生与绳文均未同政治或宗教体制有过太多直接联系。可以说，传统论此时正进行着去政治化运动。

但是，如果严格按照当时的文脉回顾这段历史，就会发现：弥生被用来代表贵族群体，而绳文则被视为民众的体现。简而言之，冈本太郎在艺术领域"发现"了绳文土器之美，随后白井晟一在建筑界因发表名为《绳文之物》的论文而获得瞩目。这部分内容将在本书第五章至第六章中详细论述。

20世纪50年代是民众在日本战败后成为新的主流群体并散发出巨大能量的时代。在当时的传统论中占有重要地位的丹下健三，虽因洗练的现代主义设计被归为弥生派建筑师，却也乘着时代浪潮将绳文的能量引入设计，引领了二者融合的建筑思潮。

"回归日本"的新国立竞技场问题

另外，日本特质的阴影也同样缠绕在极度困顿的新国立竞技场事件的始末之中。扎哈·哈迪德在国际设计竞赛中以前卫的设计方案胜出后，首先就被指出了巨大的建筑体量无法与建设用地所在的神宫外苑协调的问题。提出这一问题的桢文彦随后表示，应当举全国之力推进这项工程。

在庞大的建设费用被公示后，舆论沸腾了。媒体针对外国建筑师扎哈·哈迪德猛烈炮轰，事态最终发展为安倍首相做出推倒重来的"英明决断"。事后发现，建筑师方曾经在设计过程中提供过各种成本优化的选项，但是作为业主方的日本体育振兴中心却对此视而不见，继续推进臃赘的、装载各种非体育场功能的设计。

举国瞩目的新国立竞技场二次设计竞赛，以成本控制为原则，采用了设计方与总承包商组成联合体竞标的"设计施工总承包"形式。虽然扎哈与日建设计试图入围，却最终由于未能找到合作伙伴而打消了再战的念头。如果说推倒重来的原因是成本问题，那么让已经研究过成本优化方案的扎哈重新进行设计，才是最合理的解决方案吧。

况且，扎哈与日建设计方面为了满足法规、设备、环境与观众席的最优布置等要求，大批工作人员经过两年的时间绘制了数量庞大的图纸，进入了施工前的准备状态，并为此积累了大量的技术知识。然而，他们的工作仍然难逃被叫停的命运。如果建设周期因二次竞赛而缩短，那么东日本大地震的灾后重建与奥运会的特殊需求，将使本已存在的建材与工人缺口进一步加大，单是施工费用大幅上涨的情况，就会进一步增加非必要的成本。

在日本国内，弥漫着只要让扎哈卸任就能解决问题的氛围。不过从海外角度来看，这一连串的事态发展几乎从未能被解释清楚。如此看来，扎哈因为成了问题的象征而遭到排挤，就像一场猎巫行动一样。

后来发布的二次竞赛细则，追加了新的设计要求——对日本风格的诠释与木材的使用。此外，虽然号称国际设计竞赛，却只接受以日语提交的设计成果。结果，仅有两名日本建筑师获得了入围资格，参加比选的方案也只有两套而已。就连在全世界范围内募集了46套方案的首轮竞赛，都被批评为参加门槛过高、无法激发竞争机制的封闭竞赛。相较之下，两套应征方案的数量之少更是不言而喻。虽无明文规定，但不得不让人猜测，二次竞赛规则的根本目的是为了限制外国建筑师参加。

对外国事物的排斥

实际上以前就出现过排斥外国事物的情况。以本书最终章中论述的事件为例，就在明治末期的国会议事堂设计竞赛进行得如火如荼之际，建筑学会以国家建筑应由日本人设计为由，提出禁止外国人参加的申请。结果由日本人完成的项目同样遭到了大量批评。中村镇就曾向《建筑样式论丛》投稿了名为《新议院建筑的批判》的论文。

他谈到，国会议事堂的设计反映了西洋从样式主义向新设计方向过渡的倾向，但它并不是一个为了积极应对日本的纬度与气候等环境条件提出的合理方案。因此，并不能认为该设计具有体现国民性的建筑语汇。反而应该对日本过去的木造建筑形式进行诱导，在改变其外观的同时，"创造出令日本人感到亲切的日本式"。也就是说，以国家工程为契机，出现了对建筑中的日本风格的要求。

另外，在关东大地震后的震灾纪念堂设计竞赛中获得第一名的方案，因其西洋的设计风格而遭到批评围堵，还有人批评它抄袭法国建筑。最终结果是，时任评委的伊东忠太承担了该建筑的设计工作。

于东京都两国地区完成的震灾纪念堂（1930 年，现为东京都慰灵堂），混合了由歇山式与唐破风[1]构成的屋顶、三重檐的纳骨塔以及城墙的石垣等传统元素。后来曾出现过对于方案变更的如下指摘："如果按照当初的获选方案施工，恐怕会得到一座与震灾纪念堂的名称不符的欧罗巴趣味的建筑。即便在每年的震灾纪念日前往参拜，也不会觉得这里是适合为死者的冥福诚心祈祷的地方。"[2]

1　破风：悬山式或歇山式屋顶在山墙处的三角形造型（山花），有唐破风（弓形）与千鸟破风（三角形）等不同造型。后逐渐演变为与屋顶、屋檐结合的如老虎窗一般的造型，多见于神社建筑与城郭建筑。

2　岸田日出刀：《建筑学者 伊东忠太》，1945 年。——原注另外，鹿鸣馆[1]直到因战时体制被拆除为止，一直被认为是由外国人设计的"国耻"建筑。

绳文VS弥生的反复

无论如何，在新国立竞技场二次竞赛的严苛条件下，隈研吾与伊东丰雄还是报名参加了竞技，并各自提交了体现他们个性的设计。

隈一边执笔《反造型》（2000年）等由现代的解读构成的日本建筑理论书籍，一边通过马头町广重美术馆（2000年，现为那珂川町马头广重美术馆）等项目，提炼出在建筑表面反复使用纤细的百叶，或使用极小化的元素分解建筑体量来减轻建筑对环境的压迫感的设计手法。他在竞赛中的提案也是一样：从体育场主体结构中伸出的水平挑檐，和在檐口天棚处设置的竖向格栅，形成了使人联想起日本古建筑中椽子造型的意匠。

另一方面，伊东在仙台媒体中心（2000年）等项目中探索了实验性的结构形式，并使其进化出具有象征性的有机形态。他的参赛方案是：使用由竹中工务店开发且已在

1　鹿鸣馆：为接待国宾与外国的外交官，由明治政府建设的社交场所。是当时极端推行欧化政策的象征。

新国立竞技场（设计：隈研吾）

大阪木材仲买会馆（2013年）中应用的防火指接板"Moen-Wood"，设计排列出巨大的木制列柱。列柱的形态模仿了绳文时代的三内丸山遗迹与诹访大社里标志性的柱子造型。

如前文所述，白井晟一在20世纪50年代的日本建筑界倡导强而有力的绳文概念，并将其与洗练的弥生概念进行比较，从而使传统论争趋于白热化。由此看来，在新国立竞技场的设计竞赛中，伊东参考了绳文的概念，而隈的设计可看作是新式的弥生。当时，被视为弥生派的丹下健三设计了香川县厅舍（1958年），并在各层阳台下方的小梁中采用了以椽子为主题的造型。而隈在新国立竞技场中提出的竖向格栅，可以说是对这一造型的进一步纤细化处理。

竞赛的最终结果是，隈在施工与成本方面获得特别好评并当选为设计者，他的方案也在网络人气投票中胜出。看来在当今日本，就连巨大的体育场馆都会被要求采用具有纤细感与优美感的典雅设计。此外，由丹下健三设计、建于 1964 年东京奥运会时期的国立代代木竞技场，曾获得过"真正实现了日式设计"的评价。由此看来，半个世纪后的奥运会，实际上是一次对日本特质论题的反复。

顺便一提，矶崎新是最早在人群中发现扎哈的人。在 1982 年的香港之峰俱乐部设计竞赛中，时任评委的矶崎新从成堆的落选作品中捞出了扎哈的方案，并授予其一等奖。突然登台的无名建筑师——这就是扎哈轰动性的出道经历。海量的错综线条，以及激烈地散落着的建筑碎片。这一革命性的设计虽受当时的技术条件限制难以实现，但随着后来电脑技术的大规模应用，以及全球一体化浪潮的推动，扎哈终于在 21 世纪拥有了能够落地实施的项目。首尔的东大门设计广场（2014 年）等一批令人过目不忘的、拥有强烈个性的造型，成为世界各地的地标。比起如何令建筑与既有场所呼应，这些设计更加关注的是如何令建筑本身创造出新的场所性。也就是说，如果东京奥运会的新国立竞技场用地位于湾岸地区，应该没什么问题，但显然在神宫外苑这一地理位置上就产生了龃龉。

矶崎新的著作《建筑中的"日本特质"》（2003 年）并不是一部对"回归日本"——传统之美——的礼赞，相反，该书以批判的眼光审视了此类言论。有趣的是，作者表达了自己对主持东大寺重建工作的僧人重源的共鸣，并将东大寺视为一座革命性的建筑。就像是要与上个时代诀别一样，对纯粹的几何学的倾倒与理念化的设计，正是重源与矶崎二人的共通之处。另外，在中世[1]直接运用中国大陆的新样式与新技术重建东大寺[2]的过程中形成的大佛样[3]，因为与和样化[4]——由日本岛国特质发展出的洗练化——拥有不同的演化路线，因而被建筑史定性为非日式的异形样式。

有效利用电脑实现设计与施工联动的扎哈的建筑，在当代有着与东大寺相同的意义。在全球化的影响下，世界版图的样貌发生了极大的变化，从前的岛国概念将变得难

1　中世：特指日本的中世纪，即镰仓时代与室町时代。

2　由于东大寺在历史上曾两次被战火烧毁并重建，故其境内的建筑普遍存在多个历史版本。以其正殿大佛殿为例，第一版为奈良时代修建的最初版本，第二版为镰仓时代由僧人重源主持重修的版本，第三版为江户时代重修的缩小版本，即现存版本。

3　大佛样：日本传统寺院建筑样式之一，镰仓时代重建东大寺时，由入宋僧人重源根据中国宋朝的建筑样式开创。与原有寺院建筑中的"和样"及镰仓时代后期出现于禅宗寺院中的"禅宗样"相对。

4　和样化：和样，指从平安时代开始至镰仓时代大佛样出现之前，一直应用于日本寺院建筑之中的样式，是按照日本的审美偏好，对当时从中国传入的建筑样式进行的精致化处理。这种由中式向和样的转变被称为和样化。

以为继。如果说 21 世纪终将迎来变革，那么本书的现实意义也在于此。然而，2015 年的日本拒绝接受改变，选择了内向闭锁的、如平安时代一样的和样化道路。

现代建筑中的日本趣味

纵观历史可以发现，所谓日式设计的论题曾被反复提出。像奥运会、世博会以及大型国家工程或皇居营造等注重国际风评的项目，在获得超出建筑界范围的全社会高度关注时，事态往往会照此方向发展下去。因此，本书将围绕这一极具社会性的话题展开讨论。

原本抱着全球化环境下的城市竞争意识、举行国际设计竞赛的新国立竞技场，最终还是绕回了这个问题。然而再次举办的设计竞赛，略显唐突地追加了表现日本风格与使用木材的要项，加上截止日期前过于紧张的工作周期，以及绝大多数建筑师被置身事外无法参加的问题，导致此次竞赛在没有认真讨论日本特质为何物的情况下，就浑浑噩噩地进行了下去。

例如，在新国立竞技场的设计竞赛结束后，自民党的奥运会实施本部就曾向政府提出应当进一步表现日本风格，哪怕追加成本也要将全部观众席改为木制座椅。然而，日本人本就没有使用椅子的文化，这种习惯也是随着西化之风的吹入才在近代逐渐养成。况且在近代之前的椅子式的文化圈中，椅子的材料也基本以木材为主。也就是说，木制座椅代表日本风格的想法实在愚蠢至极。

不过，建筑界早已就这种日本趣味的抬头进行过激烈的论战。激辩练就了坚韧的思考，也走在了时代之前，成为了历史的推动力。这里将再次从分离派的《建筑样式论丛》中摘取一篇重要的文章，即编者堀口舍己投稿的茶室论之外的一篇名为《关于现代建筑中的日本趣味》的论文。

文章对本书第三章中涉及的 20 世纪 30 年代追求日本趣味的倾向进行了批判。堀口谈到，虽然在当时的京都市美术馆、军人会馆（现为九段会馆）、日本生命馆与东京国立博物馆的设计竞赛中，随处可见所谓"日本趣味"与"东洋趣味"的字眼，却没有这些词语的具体解释，除了从字面上理解为"呼应周围的环境"和"保持与内容的和谐"之外再无其他线索。不过，他从"大多数评委对竞赛取得了令人满意的结果"的记述中推测，竞赛的初衷应该是"使用钢筋混凝土与钢结构，对过去的中国与日本的木造建筑样式进行仿造"。其他案例还有歌舞伎座、伊东设计的震灾纪念堂与靖国神社游就馆等。但是，这种对材料与结构迥异的过去样式进行整体或局部模仿重现的做法，却受到了堀口的质疑。

顺便一提，这种情况并不是到了近代建筑时才首次出现的。因为石造的古希腊神殿就是由木造建筑演化而来的。实际上，观察它的细部设计可以发现，其中仍残留着明显源自木造形式的建筑形态。与此相反的例子是，哥特式大教堂作为石造建筑的集大成者，在法国达到了巅峰水平，而当它被移植到英国时，却出现了使用木材模仿拱顶肋架分割图案的情况。形态失去了结构的合理性，只有形象得到了继承。这种原始材料与形态间的错位，也曾在近代之前的伊斯兰教与佛教建筑中出现。

　　也就是说，于日本近代出现的、使用钢筋混凝土模仿木造建筑细部的做法，并不一定是一种特殊的设计手法。不仅如此，像中国、朝鲜、印度尼西亚等曾经以木造建筑为主的亚洲国家，在近代引进西洋建筑之后，同样遇到了身份认同的问题，也都会使用混凝土再现木造建筑的造型。这其实是各国共通的课题。

　　不过，近代出现了国家民族主义意识的萌芽，进而推动了社会风气的形成。在此背景下，日本趣味的建筑得以登场。另一方面，堀口表明了其理性主义的立场，并表示如果从这个角度考察日本趣味的建筑，会发现绝大部分的问题都是造型的问题。既然造型的美感成为问题的焦点，那么对美的分类就势在必行。他首先提出了可以通过知性或感觉捕捉的美，进而将其细分为功利（合乎目的）之美、组织（结构）之美与表现（积极的意识）之美。堀口认为日本趣味的建筑存在形态与结构间的矛盾，所以违背了功利之美和组织之美的原则。而对表现之美的片面追求又导致它丧失了现代建筑的特性。其原因在于，虽然铁与混凝土是最能满足抗震与防火需求的材料，但真正发挥其作用的形态，却与木造建筑发展出的传统结构形式无关。

现在，普遍存在着只要与木造沾边就是日本风格的认识。实际上，在新国立竞技场二次设计竞赛中提出的使用木材的要求，也是遵循这种文脉的结果。另外，伊东与岸田曾表示，出于防火需要，可以对中国大陆传入的佛教寺院进行混凝土化改造，但日本固有的神社建筑应当维持木造建筑的本来面貌。到了战时，因钢铁被挪作军用，还出现了木造现代主义建筑的发展和竹筋混凝土的提案。不过，世界上还有许多拥有木造建筑传统的国家，它们在当代完成大规模木造建筑的事例也不在少数。也就是说，将使用木材视为日本的独门绝学，是一种不了解世界真实面貌的、相当狭隘的见解。

堀口还从建筑与社会环境协调的问题出发，对日本趣味的建筑进行攻击："无论王朝时代的服装如何华美，现代人都不会再穿着此类服装。无论牛车如何优美高雅，人们的交通工具也会是电车与汽车。"同理，无法想象杂糅了木造建筑样式的新型结构的建筑，如何与现代的东京相协调。他严厉地指出，这就像是所谓"葬仪自动车"（灵柩车）或"穿男士大礼服梳丁髻[1]"的事物一样。话虽如此，堀口表示自己并不打算全盘否定对日本趣味的追求。也就是说，他虽然反对屋顶与斗拱的趣味，但认可将材料的偏好、色彩的偏好、比例的偏好、调和与匀称的偏好具象化后的日本趣味的建筑。其原因在于，这类"偏好"极少与他看重的合乎目的性——结构与工学的公理——相悖。关注"偏好"，确实像是热爱茶室与数寄屋的堀口的叙事风格。

另外，堀口对日本趣味的批判还有以下总结性发言。纪念性的建筑表现中常含有传达社会信息的意图。左翼或许会将其诉诸斗争的、前卫的表现形式之中，反之，右翼可能会对更加彻底的古风的表现形式提出要求。然而，就像建造作为商业广告示人的奇怪建筑，或将流行的设计杂糅一样，这些都是将建筑简单地看成了用来达成某种目的的工具。恐怕纳粹建筑就是一个很好的例子。不过堀口认为这些已经不是建筑应该探讨的问题了。

1　丁髻：江户时代老年男性的发髻样式。

关于本书的构成

本书将对"日本"与"建筑"的关系进行思考。至今已有许多关于日本建筑理论的著作问世。例如对伊势神宫与桂离宫等著名古建筑的研究，或围绕日式概念展开的论文。而本书将以东京奥运会这一当下话题为起点，在追溯历史的同时将往事串联起来。

第一章与第二章将通过奥运会与世博会，考察日本曾试图向海外展示怎样的日本风格。此处浮现的重要的建筑部位，是将在第三章中讨论的"屋顶"。接下来的四章，将重新解读曾令 20 世纪中期的建筑界热闹非凡的传统论。具体内容为：面向世界大展身手的新陈代谢派成员的历史解释（第四章）；在绳文 VS 弥生的争论中发现的"民众"概念（第五章）；对建筑界产生影响的冈本太郎的思想与作品（第六章）；白井晟一的原爆堂与大江宏的混在并存思想（第七章）。第八章将解读战时成为焦点的建筑评论家浜口隆一的日本空间理论。结尾的第九章"皇居·宫殿"与第十章"国会议事堂"，将回顾从明治时期到昭和时期持续建设的国家工程对所谓日本特质问题的处理方法。从这里再往后，就属于近代之后的日本建筑理论的范畴了。

当然，与先锋建筑师就传统论争踊跃发言、常怀用现代主义承接历史建筑之心的 20 世纪中期不同，当今的建筑界，至少从表面上看不出太多对日本特质的关心。

那么，对日本风格与日本特质的兴趣是否已经消失殆尽了呢？

情况并非如此。纵览近几年的社会风貌，过度强调日本的优越性与正确性的言论，反倒在抵制中国与韩国的运动中抬头，并试图借摆脱战后体制之名，破坏过去七十年间培育出的社会根基，为战败前的精神招魂。而现代建筑在当下并未对此做出直接回应。没有过度关注日本特质的态度，从某种意义上讲正是和平时代的佐证。然而，如今的建筑界也在试图打破这一前提。从其对全球化的反叛中可以推测，追求日本风格的风潮可能会再度来袭。因此，有必要在现在与过去的现象间穿梭的同时，再次确认日本建筑理论的演化过程。

国立代代木竞技场

第一章

奥林匹克

1 向世界发出信号吧！

把"奥林匹克大会"带到东京

日本对奥运设施最早的关注要追溯到 20 世纪 30 年代，因为在那时日本取得了 1940 年东京奥运会的举办权。

1936 年，岸田日出刀（1899—1966）受文部省与大日本体育艺术协会委托，考察了柏林奥运会的会场并调研了各类设施。同年 7 月，在柏林召开的国际奥委会全体会议上，东京击败赫尔辛基成为第 12 届奥运会的主办城市。消息传来，日本国内举行了烟花大会与音乐会等庆祝活动，欢庆的气氛达到高潮。对东京奥运设施进行构想的关键人物正是岸田本人。

岸田是安田讲堂（1925 年）的设计者，也是东京大学设计教育的主持人。作为建筑师，他曾设计了生长之家本部（1954 年）、和风的纽约世博会日本馆（1939 年）与本愿寺津村别院（1964年）等建筑。他还是日式设计评论家，同时还是借助各类职务与委员会便利，为推动现代主义的广泛普及积极活动的策划人。

曾任奥运设施调查员的岸田，为了选定1940年东京奥运会的场地大费周章，他感慨于柏林奥运会拥有的宽阔会场，说道："成功的大半往往取决于选定合适的体育场用地，这样一来服务于全体竞技项目的各类设施都能够状态良好地运转。"[1] 岸田被柏林奥运会宏大的开幕式感动的同时，也对纳粹集团用于政治宣传的巨大广场表现出兴趣，认为东京奥运会也应当进行广场建设，以谋求体育运动与体育国策的融合。

话虽如此，他却并不喜欢纳粹建筑中的希腊古典主义，即以反现代主义的趣味为取向的体育场设计，他批评其为笨重的建筑。因此，岸田在思考奥运设施应由何人设计时，曾提到过要体现"体育精神"的设计，应具备"朴实、明快、单纯、速度的元素"，避免"华美、阴郁、错杂、笨重"。

另外，岸田谈到1924年巴黎奥运会的奥林匹克艺术比

1　岸田日出刀：《奥林匹克大会与竞技场》（1937年2月），载《甍》，1937年。——原注

赛[1]时，虽然就比赛对待纳粹建筑的态度与政策感到不悦，却对戈培尔的建筑是艺术之母的致辞表示认同，并希望东京奥运会也可以创作出表现体育与建筑的紧密关系的作品。[2]

富士山麓的奥运村

岸田对德国媒体在获悉东京将举办奥运会后，于1936年8月刊登的建筑插图感到无奈。该插图来自一篇名为《富士山麓的奥运村》的报道。

令人震惊的是，日光东照宫的阳明门成了奥运村的正门，名古屋城的天守阁成了集会所，京都醍醐寺的三宝院成了运动员公寓，可远眺富士山的严岛神社成了游泳训练场。虽然每栋建筑中的唐破风、歇山或千鸟破风等曲线造型的屋顶十分夺人眼目，却找不到哪怕一张将大型寺院用作体育场的图片。

如果这些图片是西洋人基于天真无邪的东方主义（Orientalism）情结想象出的日本主题乐园也就罢了，但它

---

1 奥林匹克艺术比赛（Olympic Arts Competitions）：1912年斯德哥尔摩奥运会至1948年伦敦奥运会的正式比赛项目，分绘画、雕刻、文学、建筑、音乐五个小项。评委对以体育为题材制作的艺术作品打分，从而确定参赛选手的名次。
2 岸田日出刀：《奥林匹克大会与艺术竞技》（1937年3月），载《甍》，1937年。——原注

德国媒体刊登的《富士山麓的奥运村》（1936年）

上：可远望富士山的严岛神社的游泳训练场

下：左起分别为名古屋城天守阁的集会所、京都醍醐寺三宝院的运动员公寓、日光东照宫阳明门的奥运村正门

上：伊势神宫／中：桂离宫／下：日光东照宫

作为德国人脑海中浮现的、首届由亚洲国家举办的奥运会形象，就显得颇为有趣了。

　　岸田谈道："虽然不想让怀揣这种梦想到访日本的世界各国人民失望，不过用日本珍藏的名胜古迹悉数装点奥运村还是让我有些为难。"从德国到访日本的布鲁诺·陶特，难得以近代建筑师的眼光批判了过度装饰的日光东照宫，又对简约的伊势神宫与桂离宫予以肯定。而与此相对的却是，海外对于日本的印象还是没有任何改变。岸田的发言或许体现了他在面对这种局面时的痛苦心情。

外国人的宿泊之所——国策酒店

　　住宿问题将随着奥运会期间大批外国人的涌入而凸显。对此，岸田认为只要对日式旅馆的厕所与浴室等部分进行改造就可以应对，没必要特意新建西式酒店。

　　顺便一提，出于 20 世纪 30 年代中期赚取外汇的国策需要，有着歇山式与唐破风屋顶的琵琶湖酒店，和装点了千鸟破风的城郭式的蒲郡酒店等新建项目曾盛极一时。这些酒店虽大多采用了照顾外国人使用习惯的室内设计，但建筑外观却以和风屋顶作为设计亮点。因为与西洋的古建筑相比，日本古建筑的屋顶有着更大的体量，即便是外行人也容易辨识。因此，如果从吸引观光客的角度来看，屋顶

国策酒店
上：琵琶湖酒店（现为琵琶湖大津馆）
下：蒲郡酒店

应该是最容易实现符号化设计的部位。这与前文谈到的海外对于奥运村的想象属于同一种思维模式。也就是说，日本方面也在积极地将东方主义情结转化为商品。

不过，熟悉日本与西洋建筑的岸田，恐怕会对投机取巧添加和风屋顶的国策酒店感到不满。在他看来，柏林也没有特意为奥运会新建酒店，考虑到奥运会后的实际情况，日本也不应该仅仅为了短暂的会期而无度地建造西式酒店。他这样写道：

"就算是外国人，想必也能充分体会到日式房间的妙趣。不如说应该借此机会让他们了解一下日式住居是如何契合日本风土文化的。"[1]

日本纪元2600年的国家事业

在此回顾一下东京获得 1940 年奥运会举办权的经过。关东大地震七年后，东京举行了盛大的帝都复兴庆典，并提出了申办奥运会的计划。起初，体育界对此态度消极，而日本申奥的势头却有增无减，争取到了同样在申办奥运会的意大利的墨索里尼以及德国的帮助，并最终成功获得了主办权。如此一来，东京奥运会与日本世博会将同时于 1940 年举办，而这也不是没有过先例，1900 年的巴黎与 1904 年的圣路易斯都曾同时举办过世博会与奥运会。在奥运会因实况转播媒体的出现，而在影响力上压过世博会的今天，难以想象第一届雅典奥运会虽然在顾拜旦的努力下取得成功，但奥运会在当时仍被其他国家当作世博会的附属活动，想

---

1 岸田日出刀：《奥林匹克闲谈》（1936 年 11 月），载《甍》，1937 年。——原注

要独立举办其实并不容易。因此，为了不勾起国际奥委会关于奥运会实现独立自主前的痛苦回忆，日本变更了在月岛——大地震后伴随城市规划完成的填海土地——并建设世博与奥运场馆的原定方案。

某种意义上讲，日本通过参加海外的世博会，完成了在19世纪的国际社会中的首秀，这一次又成功将它带回本国举办。奥运会方面也是从1912年的斯德哥尔摩奥运会开始参加至今。日本在这两方面都进行了从走出国门做客到以主人身份迎接宾朋的角色转变。

不过，与巴黎和圣路易斯同时举办的双会不同，1940年的世博会与奥运会，赶上了被称为纪元2600年的历史性时间节点，从而具有了国家事业的重大意义。这一年，从圣迹观光、百货店促销到各类大型活动，都在为始于神武天皇的万世一系[1]庆贺。日本纪元2600年纪念活动的大量举办，令国民的集体感空前高涨。

这样看来，能够令全世界观光客蜂拥而至的世博会与奥运会，必将成为最大规模的主打活动。指挥了灾后重建的东京市长永田秀次郎，最早提出了申办奥运会的构想，但申办活动在中途变成了国会的议题，并朝着国民运动的方

1　万世一系：一个系统的永远持续，多指皇室与皇室血统。

向转变。日本虽然最终因为战事激化，不得不在1938年退还了世博会与奥运会的主办权，但是即便如此，貌似仍从消费与观光中收获了繁荣。

东京奥运申办成功的一个月后，文部大臣平生钏三郎在广播中提出了以下"国民的觉悟"："日本全体国民对坚韧不拔的国家观念与光辉的武士道精神的日益明确，和对日本在世界列强中的正确地位的认识。"[1]另外，陆军的梅津美治郎也表示，其志向不在于洋溢着体育精神的国际性活动，"最重要的是为了让世界看到日本精神之精华所付出的努力"。然而，这种内向的举国体制，因违背了倡导政治中立的奥林匹克精神，遭到了国际批判。

2 战时的日本梦想

从日本到世界——历史的转折点

举国一致的气氛也向建筑界渗透。20世纪30年代，追求日本身份认同的建筑表现，已经作为对日本接纳国际性现代主义设计的一种反叛登场。那是以东京帝室博

1　桥本一夫：《虚幻的东京奥林匹克》，2014年。——原注

物馆（现为东京国立博物馆）和军人会馆为代表的，在近代的钢筋混凝土建筑的躯体上生搬硬套地加载和风屋顶的帝冠样式。

岸田对这些俗套的设计感到厌烦，发起了只有简洁的现代主义才能与日本传统建筑对话的讨论。不过，从关注民族主义这一点来看，他又与帝冠样式存在共通之处。不，岸田并没有停留在只要加载符号化的屋顶就万事大吉的水平，就像他曾经狂热地赞扬神社建筑之美那样，他试图在更深刻的精神意义上寻求现代主义中的日本特质。

东京大学教授藤岛亥治郎以建筑史学家的视角构想了一部宏大的物语，将1940年视为历史的转折点，从而赋予了它特别的意义。[1]

他首先将两千六百年的日本建筑笼统地划分为三个历史时期。第一时期是不存在外国的影响、发挥独自个性的"纯正的日本建筑时代"；第二时期是在受到来自中国的深刻影响的同时，将其消化吸收的"大陆的日本建筑时代"；第三时期是接纳欧美发达国家的样式与技术的"世界的日本建筑时代"。

不过，现代建筑追求的合乎目的性、功能性与"明快

1　藤岛亥治郎：《民族与建筑》，1944年。——原注

简单"，本来就是日本传统建筑从未改变的、一直拥有的属性。他谈到，现在正"持续创造着新时代的、未来的日本建筑……建筑界在纪元 2600 年迈出了前进的一步，在非常的历史时局下，开始了世界性的、指导性的积极活动"。

藤岛认为应该借此机会开展"向世界展示日本建筑的优点"的重要工作。这与通过奥运宣传日本精神同属一类思维方式，是在与世界的比较过程中诉说日本建筑的精妙。"肩负起一边向中国大陆、向南方、向欧美输出建筑文化，一边令新精神之风吹进新一代日本建筑的重大使命。"也就是说，虽然日本至今一直在做着引进工作，但是随着新世纪的到来，今后将是日本对世界输出影响力的时代。作者高扬的情绪在行文中可见一斑。

21 世纪的今天，日本已经成了伊东丰雄与 SANAA 等世界级建筑师辈出的国家。某种意义上讲，或许当初的预言已成现实。然而这些对于战时的日本而言，不过是单纯的梦想而已。

陷入困局的会场规划

日本在前文提到的于柏林召开的国际奥委会全体会议上放弃了月岛计划，并提出了将明治神宫外苑竞技场扩建为能够容纳 12 万人观赛的主体育场的规划方案。还有神宫外苑的游泳场与相扑场也被加入改造计划之中。

与从古代开始建设巨大格斗场的欧洲不同，日本在历史上并没有类似的建筑类型，也没有建造与之匹敌的巨大建筑的传统。即便是民族主义高扬的 20 世纪 30 年代，与体现日本风格的需求相比，体育场的首要课题是对实用功能——可容纳人数——的满足。

就算存在对和风的关心，当时的现代主义建筑也不具备在体育设施上架设大型屋顶的技术条件。况且，近代体育运动自进入日本以来，尚未形成足够的历史沉淀，从东京奥运会申办成功到开幕也仅有四年的准备时间。

牧野正己的《竞技场建筑》（1932 年），作为总结了体育场规划设计手法的日本国内的先驱著作，高度评价"明治神宫外苑的各类体育场是可以跻身世界第一梯队的体育设施"。如果想通过活用现有设施迅速为奥运会准备大型会场的话，除此之外别无他所。

事实上，于 1924 年开放的明治神宫外苑竞技场是日本首座大规模的体育场。明治神宫作为国家重点工程于大正时期建造完成并创造出全新的传统。在与之关联的外苑地区诞生了圣德纪念绘画馆与近代的体育建筑群落。另外明治神宫棒球场也于 1926 年完工。因陪同昭和天皇一同观看早庆战[1]的秩父宫雍仁殿下[2]给出了"考虑扩建球场"的旨意，曾一度反对高大建筑物的明治神宫也不敢忤逆，批准了球场看台的扩建。[3]

不光国际奥委会主席巴耶－拉图尔[4]在访日期间被安排了参观神宫的体育场的行程，作为纪元2600年庆典的一环，将明治神宫与奥林匹克联系在一起的想法也是顺理成章。然而，内务省神社局以扰乱明治天皇圣地的风致为由，反对外苑设施的改造工程。岸田等人还曾考虑过将代代木的陆军练兵场作为选址的候补，但同样未能获得军方的同意。

最终驹泽的高尔夫球场成了候补用地。根据规划，巨大的主体育场将拥有62 000个固定席位和48 000个临时席位，游泳场可容纳30 000名观众。被两座运动场夹在中间的是占地7 500坪[5]的纪元2600年纪念广场，在它的中轴线上矗立着一座纪念塔。虽然整个会场均没有设置屋顶，不过其基本规划布局却与战后举办的东京奥运会的驹泽会场如出一辙。

---

1 早庆战：对早稻田大学与庆应义塾大学之间的校际对抗赛的统称。

2 秩父宫雍仁殿下：秩父宫雍仁亲王，昭和天皇之弟。

3 后藤健生：《国立竞技场的一百年》，2013年。——原注

4 亨利·德·巴耶－拉图尔：比利时人，1925年至1942年任第三任国际奥委会主席。

5 坪：日本的面积单位，1坪约为3.3平方米。

然而，随着战事激化，受 1937 年颁布的铁材统管制度的影响，还出现过将体育场的局部替换为木质结构的研究。前文提到的奥运村的最终方案，也只是将由木制的下见板[1]立面与铁板屋面构成的公寓楼，按照同一方向排布的朴素设计。[2]

与积极将建筑用作政治宣传的德国纳粹与意大利法西斯政党不同，日本的政界与军部将建筑设计视作浪费行为并将其彻底丢弃。日本也因此没有诞生如德国的阿尔伯特·施佩尔一样作为战犯入狱的建筑师。不管怎样，无论在经济层面还是在国际关系层面，东京奥运会都已不可能实现了。

3 悲愿·重返国际社会

策划人岸田日出刀

从虚幻的东京奥林匹克开始算起，东京奥运会终于在迟到 24 年之后，于 1964 年成为现实。这既意味着悲愿的达成，也是战败后的日本重返国际社会的象征。岸田日出刀

1　下见板：鱼鳞式搭接的板材。建筑立面中使用的横向长木板在上下搭接时，板材的底端与其下方板材的顶端少量重叠，形成锯齿状的横截面。

2　片木笃：《奥林匹克·城市东京 1940·1964》，2010 年。——原注

再一次成了设施特别委员长，负责规划方案的审议。1964年度的日本建筑学会奖（作品奖），也将特别奖颁发给了负责代代木和驹泽公园综合策划的岸田等人以及设计了各项设施的建筑师们。

奥运会的成功举办，令考察了柏林奥运会并推荐代代木为会场的岸田感慨良深。对建筑史而言尤其重要的是，以此次奥运会为契机诞生的丹下健三（1913—2005）的国立代代木竞技场及其附属场馆。

这不仅是丹下本人的里程碑式的作品，也应是日本近代建筑史乃至奥林匹克建筑史中的杰出作品。事实上，从日本的传统建筑元素出发，推荐丹下做设计者的人正是岸田。

起初，建设省关东地方建设局营缮部长角田荣希望能够担任代代木竞技场的设计工作。[1]因为建设省的营缮部为了1958年第三届亚运会的召开，已经拆除了神宫外苑的旧体育场，并设计了可容纳57 000人的国立竞技场，但在当时未能实现室内游泳馆的建设。

顺便一提，神宫外苑的国立竞技场虽然是一座具有良好的功能性的建筑，但它在建筑史上并没有获得除此之外

1　丹下健三、藤森照信：《丹下健三》，2002年。——原注

的更高评价。被称作外苑前的地区，虽然是明治神宫辖区以外的国有土地，但明治神宫以此处为国民善款捐建区域为由，要求新体育场的看台不能破坏周围的景观环境。[1] 同今天一样，当时也曾围绕建筑高度的问题展开过讨论，并最终将看台高度限制在 8 米。话虽如此，其实国立竞技场在设计之初就已经确定了在奥运会时扩建的计划。后来，看台按照实际可容纳 72 000 人的规模改造，其中央部分的高度也已接近 24 米。更夸张的是，两座高达 50 米的照明铁塔也被安放在此。所以当时已经出现了"建筑体量对周围的环境而言过于庞大"的意见。

另一方面，意识到有必要将该设施留给后世的岸田，强力推荐了"一流人才"丹下，并总算获得了首肯。他在设计者的选定上倾注了超乎常人的热情。

从师匠[2]到丹下健三的接力

那么岸田与丹下之间又有着怎样的关系呢？

丹下健三最早立志成为建筑师，与他在年轻时得知勒·柯布西耶的事迹有关。而岸田或许是他报考东京大学

1　后藤健生：《国立竞技场的一百年》，2013 年。——原注
2　师匠：对"师父"的尊称。——编辑注

的原因之一。丹下回忆他从高中时代开始就时常阅读岸田的文章，对能够在自己敬仰的老师门下学习而感到高兴。[1] 实际上，应该称呼岸田为"建筑界的寺田寅彦[2]"——他有着作为随笔作家的另一面。岸田曾向《文艺春秋》等一般类杂志投稿，发表了超过 20 册的著作，为建筑界之外的大众启蒙作出了贡献。

丹下还有过这样的描述："学生时代曾深受老师的《过去的构成》一书感染。特别是在老师的大学办公室里，有一块图版贴满了他用徕卡相机拍摄的一系列京都御所的放大照片。那些照片深深地影响了我。"岸田的摄影集《过去的构成》（1929 年），是他以亲手拍摄传统日本建筑的方式，发现"'现代'的极致"的全新尝试。

堀口舍己也在回忆自己被《过去的构成》折服时说道："岸田先生透过那只镜头，以有趣的构图观察着世界。特别是对京都御所的绝妙捕捉，着实吓了我一跳。真是受到了非常大的启发。"也就是说，岸田通过令人联想到近代建筑的大胆构图重构过去，使古建筑摇身一变，成为鲜活的传统。丹下后来与摄影家石元泰博共同出版了摄影集《桂》（1960

1　丹下健三：《从一支铅笔开始》，1985 年。——原注

2　寺田寅彦：日本物理学家、随笔作家、俳句诗人。作为自然科学家，在文学领域也有着极深造诣。

丹下健三《桂》封面
（通过裁剪屋顶的构图令古建筑呈现近代建筑的形态）

年）。书中的照片以独特的构图裁剪掉了古建筑的屋顶，使其呈现出现代主义的画风。这也印证了丹下对岸田排斥斜线、回避屋檐出挑与强调水平线条的摄影手法的总结。

　　起初，岸田好像面对弟子丹下有些不知所措，但很快便对他疼爱有加，并为其创造各式各样的机会。东大研究生院岸田研究室在籍的丹下，因在"大东亚"建设纪念营造计划（1942 年）与曼谷日本文化会馆计划（1943 年）的设计竞赛中取得第一名而被世人知晓，这两次竞赛的评委名单中也都出现了岸田的名字。两件设计分别以神社和宫殿为范本，而这些都是岸田喜爱的日本建筑。丹下也深知岸田厌恶加载了寺院与城堡屋顶的帝冠样式和国策酒店，他在遵循着岸田好恶的基础上，以超群的造型审美将现代主义与日式设计巧妙融合，揭示出此类设计的发展方向。

二人在实际项目中也存在关联。例如，岸纪念体育会馆（1941年）虽是前川国男建筑设计事务所的作品，但实际负责人却是丹下。他"一边接受着顾问岸田博士的指导"，一边追求着真实的结构表现。[1]

岸田认可丹下的才能并积极地将工作交给他去处理。图书印刷原町工厂（1954年）与清水市厅舍（1954年）都是由岸田担任顾问、丹下研究室设计的项目。仓吉市厅舍（1957年）是由本市出生的岸田邀请丹下参加的项目，二人还以联名的形式获得了建筑学会的作品奖。仓敷市厅舍（1960年）依照总指挥岸田指导的城市规划建设，设计方为丹下研究室。在岸田最正式的设计作品年表中，并未记载与丹下有关的项目，所以这些项目实际上应算作丹下研究室的作品。

丹下之所以能够持续接到岸田介绍的工作，是因为他一直很好地回应了岸田的期待。他在香川县厅舍（1958年）中使用了与帝冠样式迥异的方法阐释日本古建筑，挑檐下方小梁的设计，令人联想到古建筑的模数体系。似乎岸田

---

1 《新建筑》，1941年5月刊。——原注

高知县厅舍（设计：岸田日出刀）

在高知县厅舍（1962年）中也借鉴了这样的设计。

另外，作为中间人的岸田也会为丹下以外的建筑师创造一些机会。例如，清家清与菊竹清训等人曾在东京奥运会时受到关照，而菊竹与黑川纪章等年轻建筑师之所以能够负责东名高速公路服务区（1968年）的设计工作，也是因为当时作为道路公团[1]顾问的岸田的意见。虽然编辑川添登也通过媒体宣传为推销丹下贡献了一份力量，但岸田提供的是来自业主方的支持。他用毕生精力构建了以丹下为中心的日本现代主义的培育环境。

---

1 道路公团：建设、管理日本的高速公路及收费道路的特殊法人企业。

4 体育场的"传统"部分

屋顶的建筑所表现的主题

丹下的国立代代木竞技场建在当时林立着华盛顿高地[1]的美军住宅的代代木地区。这座建筑不仅实现了炫技般的结构，还因与传统建筑的关联而获得好评。事实上，建筑屋顶中的一些部位会让人联想到民居的屋脊和神社的千木[2]。

藤森照信曾这样指摘道："整体漂浮的造型感，在保持弥生与绳文的紧张感的同时取得了二者间的平衡，绳文性在接近地面的方向越来越突出，弥生性则沿着上升的方向逐渐高扬。……具象造型层面上的传统性在屋顶处表现得淋漓尽致。……在丹下战后的作品列表中，再也找不到这种人人都能理解、有着传统烙印的屋顶了。如果有古建筑爱好者从大体育场的屋顶联想到唐招提寺的金堂，或由小体育场联想到法隆寺的梦殿，也丝毫不令人惊讶。"（《丹下健三》）

---

[1] 华盛顿高地：日本二战战败后，位于代代木地区的由驻日美军兵营、军人家属宿舍等设施组成的军事区。美国于 1964 年将此处土地归还日本。

[2] 千木：在神社建筑的屋顶两端，沿着屋面的角度相交于屋脊处并伸出屋面的木质构件。

上：国立代代木竞技场（设计：丹下健三）
左下：可联想到神社千木的体育场屋顶部分
右下：唐招提寺金堂

国立代代木竞技场

法隆寺

丹下曾将形态抽象化以达到与传统性结合的目的，而此次又在国立代代木竞技场中尝试用大屋顶进行象征性的表达。藤森认为一大一小的体育场规划布局，可以与法隆寺的伽蓝[1]重合。他还指出，体育场虽不像广岛和平纪念资料馆一样有着直观可见的轴线，但确实被布置在了从明治

1　伽蓝：原意为僧侣聚集修行的清净之所，后指寺院建筑或寺院建筑的组团。

神宫的主殿引出的南北向轴线终点。这是拥有城市设计意识的丹下独有的思维方式。

有趣的是，该设计的精髓之处恰恰是岸田不喜欢的屋顶。当然，屋顶的造型并不是对古代建筑的直接摹写，而是现代结构技术的成果。丹下突破了岸田对日式现代主义的想象。

虽然大型体育设施并不存在于过去的日本，但是它与传统的接驳，通过架设具有特征的大屋顶得以实现。这是虚幻的奥林匹克时代不曾有过的创意。已经由高尔夫球场变为运动场的驹泽奥林匹克公园中建成的设施群，虽然不是丹下的作品，且看上去有些棱角分明，但是它们的屋顶造型却有明显的特征。

例如，芦原义信设计的由四片双曲抛物面薄壳组成的驹泽体育馆，与抽象化的五重塔一般的奥林匹克纪念塔；村田政真设计的以花瓣状混凝土造型包裹的驹泽陆上竞技场；以及东京都奥林匹克设施建设事务所设计的，有着曲折屋顶的驹泽室内球技场。据说川添登曾指着驹泽体育馆反曲的屋顶说，"它就像现代的伽蓝一样"。

山田守设计的日本武道馆，是于 1962 年 8 月通过国会决议，并在 1963 年 7 月的阁僚恳谈会上确定建设用地的突击工程。有关该建筑的说明中记载，为了使建筑的造型与

上：驹泽体育馆（设计：芦原义信）
中：驹泽陆上竞技场（设计：村田政真）
右：奥林匹克纪念塔（设计：芦原义信）

上：日本武道馆（设计：山田守）

下：法隆寺梦殿

纪念天皇六十寿辰的北之丸公园内的森林协调，建筑屋顶的轮廓被设计成可联想到富士山山脚缓坡的形状，从而"发挥了和风建筑之美"。[1]

武道馆因重视朝向而采用了八角形的平面，由此推导得出的攒尖屋顶令人联想到法隆寺梦殿，其屋顶上的宝顶也是对过去造型的直接引用。

这样的设计虽然遭到了建筑界的批判，不过正如爆风SLUMP 的歌曲《在巨大的洋葱之下》[2] 中的比喻一样，达到了让普通人易于辨识的标识性效果。

此外，山田设计的京都塔是一个以日式蜡烛为意向，将东京奥运会时期开通的新干线列车车身的单体壳结构直立后的圆筒。京都塔在 1964 年落成之时，也曾招来与京都的景观是否协调的议论，而山田则以"此塔为京都新添了一道美丽风景"的言论予以回击。

日本风格与象征性

东京奥运会闭幕后，国际奥委会给东京都政府、日本

1　日本电设工业会东京奥运设施资料编辑委员会：《东京奥运设施的全貌》，1964 年。——原注

2　爆风 SLUMP 是 1984 年出道的日本摇滚乐队。其歌曲《在巨大的洋葱之下》中"巨大的洋葱"指的就是日本武道馆屋顶上的宝顶。

奥组委，以及还破例给建筑师丹下颁发了奥林匹克荣誉奖（Olympic Diploma of Merit）。

国际奥委会时任主席布伦戴奇在颁奖典礼上对丹下的建筑赞赏道："体育运动鼓舞了建筑师。另外，正如这座体育场中诞生了许多新的世界纪录一样，这件建筑作品也点燃了运动员们的激情。这座体育场，将深深镌刻在有幸参赛的选手和能够前来观战并热爱美丽事物的人们的记忆之中。"

当时的丹下认为，现代建筑已经在抽象化的道路上失去了意义，应当重拾这种意义并将它传递到人们心中。[1] 这样看来，布伦戴奇的发言是对他的最高赞誉。

据丹下回忆，他曾就文部省提出的预算不足问题，直接向财政大臣田中角荣交涉，并得到如下回复："这次奥运会是日本首次举办的大型国际活动。不要做那些小家子气的事情。不够的部分我来想办法。"就这样，建设费得到了追加，杰作得以实现。不过由于代代木的建设用地旁边还有NHK 的设施等原因，导致这座纪念性的建筑无法在城市规划上获得足够宽敞的室外空间，这也令丹下头疼不已。[2]

---

1 《空间与象征》，载《新建筑》，1965 年 6 月刊。——原注
2 《建筑文化》，1965 年 1 月刊。——原注

在 20 世纪 50 年代，丹下一方面对传统保持着高度的关注，另一方面又在抗拒着传统。不过到了 60 年代，他变得不再过多纠结这些事情。[1]

这时候再看他的发言就颇为有趣了："但是那些从外国来的人会对我说，你的室内竞技场简直太日本了。（笑）这真是让我失望至极。"

当然，就算当事人没有意识到这一点，传统研究也已经成了他身体的一部分，日本特质也在此间自然地流露出来。与 20 世纪 30 年代围绕日本风格展开的建筑表现相比，丹下的设计已经达到了很高的水平。然而来自海外的评判又宿命般地构成了日本建筑的另一面。事实上像安藤忠雄与石上纯也的现代建筑，在日本人看来并不是完全的日式设计，而在西方人眼中却充满日式气息，这样的情况并不少见。

---

1 《座谈会》，载《现代日本建筑家全集 10》，1970 年。——原注

大阪世博会节庆广场

第 二 章

世 博

1 大阪世博·奇迹的风景

丹下健三的屋顶

进入 21 世纪后，日本人接连获得被称作"建筑界诺贝尔奖"的普利兹克奖，而开创此先河的人正是丹下健三。他在 1987 年成为日本首位普利兹克奖得主。作品方面，东京奥运会的体育场获得了特别好评，有评论指出该建筑能够使人感受到日本传统的连续性。在回顾 20 世纪的情况时，还是需要重点讨论一下丹下开创的日本现代建筑与世界接轨的格局，以及他在同一时期提出的"日本特质"的论题。

丹下事务所的雇员神谷宏治曾指出，虽然国际主义正成为世界的共通语言，但是，"如果丢掉了日本人的品性，就无法在国际社会中表现日本的独特性。因此，需要向近代建筑中注入以日本传统为背景的元素，以提高它的国际评价"[1]。

实际上除日本外，其他活跃于非欧美建筑界的普利兹克奖获得者还有墨西哥的路易斯·巴拉甘、巴西的奥斯卡·尼迈耶和中国的王澍。他们都属于打造强烈地域性的建筑师。也就是说，在亚洲与南美建筑师群体走向世界之时，他们身上的非国际主义元素也同样被寄予期望。

丹下也一样。他还承担了另一个可与东京奥运会比肩的大型国家项目——大阪世博会——的会场整体规划工作。在那里又出现了怎样的"日本特质"呢？

在此之前，还需要再多说一些与"丹下的屋顶"有关的话题。

国立代代木竞技场的大屋顶，显然不是像基因突变那样凭空出现的、丹下独一无二的原创设计。现代主义带来的钢筋混凝土施工技术催生的各式造型在战后广泛传播，丹下的设计正是这种时代背景下的产物。

当时，埃罗·沙里宁的 TWA 航站楼与约翰·伍重的悉尼歌剧院等应被称为结构表现主义的动感空间在世界各地登场。前者有着展开的鸟儿翅膀一般的造型，后者宛如层叠船帆的主体是海边的标志性建筑。它们的屋顶轮廓与象

---

1 《丹下健三 传统与创造》，2013 年。——原注

国立代代木竞技场（设计：丹下健三）　　TWA 航站楼

英格斯冰场（设计：埃罗·沙里宁）　　悉尼歌剧院（设计：约翰·伍重）

征主义之间存在一些联系。对于普通人而言，屋顶同样具有识别性强与易于理解的特点。

　　不过，丹下的奥运会体育场，则是最新技术驱动下的、大胆的悬挂结构设计，既能表现体育运动的跃动感，也能令建筑与传统线路接驳。

来自外部的目光·来自内部的批判

　　实际上，曾有过美国学生将国立代代木竞技场描述为

"像神道教的神社屋顶一样的建筑"的轶事。[1] 也就是说，这座建筑像神社的屋顶一样，由两个反曲的曲面交会形成了陡峭、下凹的屋脊。它有着与沙里宁的英格斯冰场相似的悬挂结构，同时还令这个学生感受到了"东洋的气息"。

正因为这种造型在西方没有先例，才会令西方人感受到东洋的气息。美国学生基于西洋的分析方法与合理精神，将它视为日式设计。因为在他看来，"传统的日本建筑与工艺品中存在许多曲线"。它们不是几何学中的线条，而是对自然中的曲线的提取（话虽如此，这座建筑中并没有叫作"照起"[2] 的反转曲面[3]）。

不过，很难说今天的日本人在看到这座体育场时，是否真能像西方人那样感受到日本特质。这种特征很难被生活在自己国家的人察觉，只有外来的目光才会敏锐地捕捉到差异。安藤忠雄的建筑也被海外评论家评价为神道或禅的空间，或许他们对异国的东方主义情结起到了一定作用。

话虽如此，屋顶的象征主义带来的巨大影响力也是不

1　伊藤郑尔：《日本设计论》，1966 年。——原注

2　照起：又写作"反起"。日本民族特有的曲线造型。"照"指搭建后的帐篷布面松弛凹陷的形状，"起"指像热气球一样隆起的布面形状。将这两种形式平滑地连接在一起即为照起，例如两端略微上扬的上嘴唇的形状。另外，唐破风的曲线多被认为是照起在建筑中的具体应用。

3　立岩二郎：《照起》，2000 年。——原注

国立扶余博物馆（设计：金寿根）

争的事实。例如，20 世纪 60 年代末的韩国，金寿根设计的国立扶余博物馆的屋顶与正门，因令人联想起日本神社的千木与鸟居，遭受了来自《东亚日报》批判。[1]

一时间各类报刊在纷纷将历史学家们拖下水的同时，展开了关于"倭色是非"（对日本风的批判性表述）的讨论。金寿根为自己的作品辩解称：虽然样式与神社类似，但神社是由百济传入日本的建筑形式而非日本固有。但这却招来了神社起源于南方文化与百济无关的反驳。另外针对建

---

1 禹东善：《韩国的传统论争》，载《20 世纪建筑研究》，1998 年。——原注

筑师金重业的看起来像是"日本式"的指摘，金寿根则宣称它是"谁都不像的金寿根式"。就这样，韩国的传统论在排除日本特质的过程中得以确立。

地域性与屋顶

建筑对地域性的表达，原本就有向屋顶集中的倾向。现代的高楼大厦时常因其平直的顶部而被批评为"匀质的风景"。但是在过去，屋顶曾是最能体现地域个性的建筑部位。因为它是降雨、日照等气候与环境条件的直接反映。

在日本传统建筑的外观中，屋顶占据了很大比重。例如原田多加司就曾说道："如果用人类的身体比喻，屋顶相当于人的面孔，因为它是人眼最常看到的东西。"[1] 建筑史学家太田博太郎也指出屋顶之美是日本建筑的特征，他这样说道："即便是西洋的木造建筑，也没有使用这种出挑深远的大型屋顶的情况。西洋不存在强调屋顶之美的建筑。"[2] 师承吉田五十八的建筑师今里隆曾断言"屋顶蕴藏着日本建筑之美"，它是"日本人的原始风景"，"世界范围内再也找不出日本以外的建筑中"存在如此多样的形态与装饰。[3]

1　原田多加司：《屋顶的日本史》，2004 年。——原注
2　太田博太郎：《日本建筑史序说》。——原注
3　今里隆：《屋顶的日本建筑》，2014 年。——原注

丹下的现代主义屋顶

建筑史学家近江荣给予丹下的历史评价为："与一直以来存在于近代建筑师身上的无国籍、无传统的国际主义形成了鲜明的对比。"[1]

不过，丹下并没有一直坚持用屋顶表现传统。他于20世纪50年代设计的自邸与广岛和平纪念资料馆，就是主动隐藏了屋顶的底层架空形式的建筑。这样的设计与他裁剪桂离宫的屋顶、将古建筑以现代主义画风的摄影构图呈现的手法一脉相承。

在这之后，同为平屋顶的香川县厅舍，通过檐口下方椽子风格的细部，对传统性进行了表达。也就是说，在现代主义建筑——被视为战后的民主主义的建筑——开始普及的时代，丹下的设计中并没有太多对屋顶的表现。不过在香川县厅舍作为实验性作品完成定型、现代主义思想深入人心的20世纪60年代，国立代代木竞技场与八枚双曲抛物面薄壳组成的东京圣玛利亚大教堂等建筑，借助大胆的屋顶展现了象征主义的空间造型。

丹下还在另一项国家级活动大阪世博会上负责会场的整体规划，以及节庆广场与覆于其上的大屋顶的设计。不

1　近江荣：《近代建筑史概说》，1978年。——原注

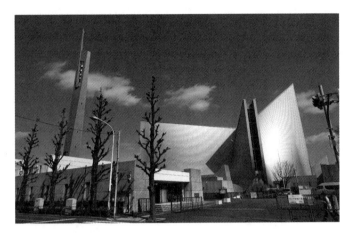

东京圣玛利亚大教堂（设计：丹下健三）

过此处的屋顶并不是他用来表现传统性的作品。

运用了新型结构技术的球节桁架的大屋顶，并不是一个用来遮风避雨的普通屋顶，而是依照内含人类居住空间的构想设计的空中都市的雏形。这是一种启蒙主义的载体，它展示了超越时代的美好未来生活图景。

丹下考虑使用可以清楚地看到天空与云朵、带有透明感的轻质薄膜作为屋顶材料。不过，大屋顶之所以能够被人们记住，主要还是得益于冈本太郎的太阳之塔横插一刀地暴力介入。冈本太郎在1967年受邀参加世博会，当他看到画出壮丽的水平线条的大屋顶时，心中涌起了将其打破

上：大阪世博会节庆广场模型

右：香川县厅舍（设计：丹下健三）

的冲动，闪现出迫使长 291.6 米、宽 108 米的优雅大屋顶与一个怪诞的东西对决的念头。而这个怪诞的东西，就是一座刺破 30 米高的屋顶且高达 70 米的巨塔。

土著的反叛

不是单独的屋顶，也不是孤立的高塔，二者在名为世博会的舞台上激烈碰撞，奇迹般地孕育出令人难忘的风景。面对理性主义的大屋顶，令人惶恐的土著之物抬起头来，这正是冈本倡导的对极主义[1]的具体呈现。

不过，大屋顶在世博会后遭到了拆除，一部分球节桁架被放在地面上保存。只有太阳之塔至今还立在那里，却再也找不到对决的目标，已经变得连自己当初批判了些什么都想不起来了。它是给了名为近代的宏大叙事一记重拳的绳文之物，是埋藏在世博会会场中心的反世博的种子。然而其赖以生存的基础的消亡，最终导致批判体系的土崩瓦

---

1 对极主义：冈本太郎于 1947 年开始提出的理论。他提倡艺术家应该展现出令两个对立元素按照其本来面貌共存的创作姿态。例如"不去协调无机的元素 / 有机的元素、抽象 / 具象、静 / 动、排斥 / 吸引、爱 / 憎、美 / 丑等对极，令它们在以撕裂的形态发出激烈不和谐音的同时，在同一画面中共生"。

解。简直就是椹木野衣口中的"坏的场所"[1]——日本——的真实写照。

2 异国情调·日本的系谱

前川国男的日本馆

东京奥运会是一次象征战败后的日本重回国际社会的活动。同理，日本在参加战后的首届世博会时，日本馆的问题就显得相当重要了。那是发生在 1958 年布鲁塞尔世博会上的故事。

布鲁塞尔曾在 1935 年举办过一届世博会，古典趣味的、保守的近代建筑，与装饰艺术风格的展馆在当时一度十分显眼。23 年后的 1958 年，勒·柯布西耶事务所设计的飞利浦馆与雷马·比埃狄拉设计的芬兰馆，标志着世界各国的现代主义建筑师开始活跃。虽然预算并不充裕，但前川的日本馆还是获得了很高评价，排在了世博会 120 座场馆中的第 9 位。

---

1 "坏的场所"：美术评论家椹木野衣在 1998 年出版的著作《日本·现代·美术》中的核心论点。椹木认为，就像自然灾害频发的日本反复经历着破坏与重建一样，战后的日本美术也不断犯着同样的错误，形成忘却与反复的闭环。

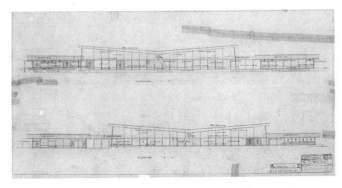

1958 年布鲁塞尔世博会日本馆立面图（设计：前川国男　图片提供：前川建筑设计事务所）

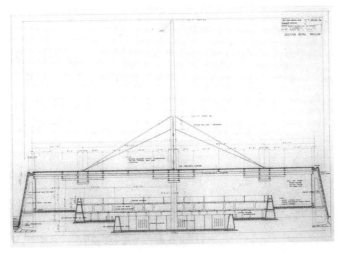

1964 年纽约世博会日本馆剖面图（设计：前川国男　图片提供：前川建筑设计事务所）

这是一件怎样的设计作品呢？建筑被坡度平缓的巨大蝶形屋顶覆盖，并由倒"V"字形的钢筋混凝土立柱支撑。屋顶下方是由钢材加固的木造部分，连续的白色墙体上方的亮子由玻璃镶嵌。另外从山墙面两侧伸出的带有悬山屋顶的低矮单层木造建筑，被分别用作餐厅与办公室。前者可通过面向日本庭园的、带有列柱的走廊到达。这两处低矮建筑的屋顶也有着平缓的坡度，与建筑主体的蝶形屋顶呼应。馆内中央设有石庭[1]。建筑外观以象征性的大屋顶为视觉中心，有着强调水平性的横长比例。建筑虽然是极简造型，却带有强烈的透明感以及外部与内部空间相互浸透的设计。

海内外的反响

以"日本人的手与机械"为主题的日本馆，就像"在战争的痛苦与破坏之后，日本人的双手再次孜孜不倦地动了起来。不知疲倦地收获着崭新的喜悦"的记载一样，成为向世界介绍战后日本的重要契机。

海外媒体对前川的日本馆进行了友好的报道。《建筑文化》1958 年 10 月刊中摘录了其中的几段文字，现引用如下：

1　石庭：枯山水的一种。枯山水指不使用池塘、曲流等由水组成的造园手法的庭园形式，其中完全使用置石与碎石进行造园的枯山水被称作石庭。

1958年5月6日的《泰晤士报》曾有如下记载:"日本馆有着中央位置受混凝土立柱支撑、优美地向上伸展的屋顶……通透的建筑表皮下的室内空间,体现了近代日本建筑从传统住宅中继承的微妙的、时代化的关联性。"另外,5月23日的比利时《工人报》谈到,建筑拥有"如滑翔中的鸟儿张开的翅膀一样的屋顶,前川国男将千年日本住宅传统中的大成,与思虑缜密的现代主义结合"。两篇报道均指出了建筑与日本传统之间的关系。5月21日的《自由比利时报》还有过如下论述:

"在这座建筑中很容易发现寺院建筑之外的、更加强烈的日本特质。简洁的线条、纯天然的原木、明亮的墙面,它们如此轻快,像麦秸被海塞尔[1]的大风一吹就散落空中般轻盈。不过这些应该来自日本人在大量的地震灾害中积累起来的住宅建造经验。毋庸置疑,该建筑的屋顶绝非日本的样式。尽管如此,当你将它

1　海塞尔:布鲁塞尔西北部地区,1935年与1958年布鲁塞尔世博会会场所在地。

颠倒过来观察时就会发现，它似乎又与那些司空见惯之物没有太大差别。总而言之，日本人始终没有背弃自己的民族天赋，就像这位彻底实现了近代建筑的日本国民给人的感觉一样。"

蝶形屋顶虽然不是日本古建筑的语汇，但当海外媒体将目光集中于此时，又确实从中感受到了日本特质。前川曾在丹下健三获得优胜的1943年曼谷日本文化会馆设计竞赛中，提交了具有类似书院造 [1] 的平面布局与传统屋顶的设计方案，并取得了第二名的好成绩。

不过，战后的前川就像他在50年代提出 Technical Approach [2] 一样，潜心于技术与工业化的问题，让自己与当

1　书院造：以日本平安时代贵族的住宅样式"寝殿造"为基础，由室町时代开始至江户时代初期逐渐形成的住宅样式。与以寝殿为中心布置宅邸的"寝殿造"相对，为满足武士阶级的需求，将具有起居、会客、书斋等公共功能的书院布置于宅邸中心，故在当时也被称为"武家造"。对后世的日本住宅具有重要影响。

2　Technical Approach：前川国男为了"恢复遭受战争毁灭性打击的建筑技术，实现作为近代建筑发展的前提条件的建筑工业化"，于战后做出的"将基础的建筑技术开发与稳健的设计结合"的努力。他认为建筑形态应该是建造方法、生产合理性等技术（Technical）累积后形成（Approach）的结果。后来前川又强调这是设计过程中的必要手段但不是唯一准则，对技术至上的错误发展方向进行了反思与纠正。

时观念上的传统论保持距离。他在海外世博会的日本馆中，迈出了尝试令现代主义与日本建筑融合的一步。流政之以壁画创作的形式参加的纽约世博会日本馆（1964 年），同样由前川主持设计。该建筑的屋顶不具有直接的象征性，反倒是用石头粗乱堆积而成的建筑墙体与古代的城墙相仿。

战前的日本馆

此处将回顾从 19 世纪下半叶开始的世博会的早期情况。日本首次参加的世博会是 1867 年的巴黎世博会。会上展出了容纳三名艺妓在内的庑殿顶的茶店（以农家房屋为意向的设计）。以国家名义的正式参会，是从 1873 年的维也纳世博会开始的。战前的世博会上建造的日本馆，基本上是以唤起海外的异国趣味为目的的传统设计。[1]

例如，维也纳世博会时建造了鸟居、神社、神乐殿与日本庭园。另外还有 1876 年费城世博会时的庑殿顶的"日本制式的家屋"，1900 年巴黎世博会时"效仿法隆寺金堂"的日本馆，以及 1904 年圣路易斯世博会时的眺望亭、金阁（喫茶店）、吉野庵与日本庭园等。浏览当时留下的图纸与

1　藤冈洋保、深谷康生：《关于战前的海外国际博览会日本馆的和风意匠》，载《日本建筑学会计划系论文报告集》第 419 号，1991 年。——原注

1904 年圣路易斯世博会

照片可以发现，屋顶果然是最醒目的部分，也就是所谓日本建筑的形象。

明治之后，日本在国内进行建筑师的培养，并积极促使他们优先学习古典主义与哥特式等西洋样式，而另一方面，又在海外的世博会上放弃对这些学习成果的展示，推销着俗套的日本风格。实际上，日本当时的出口商品并不是工业制品，而是在海外广受好评的瓷器与漆器等手工艺与传统美术制品。日本在世博会上推广的设计形象，可以说也是为了唤起此类商品与趣味所迎合的东方主义情结。

也就是说，日本馆并非单纯用来收藏展品的容器，其本身也是供西洋亲身体验新奇的"日本"的重要展品。只不过这些并不一定是对日本建筑的正确重现。这里面虽然也有成本、工匠、材料等问题的影响，但主要还是为了方便外国人理解而对设计做出的折衷与重构。

灯笼的起源——外国人容易理解的设计

1889 年巴黎世博会与 1910 年日英博览会的日本馆，都是由主办国建筑师完成的设计，而非出自日本人之手。即便如此，它们却依然是和风建筑。观察后者的史料照片可以发现，面向水池的展馆的檐头位置挂了一排灯笼。

笔者从前在游览深圳"世界之窗"主题公园时，看到那里展出着按实际尺寸局部重现的桂离宫。在被日本人想不到的组合——建筑檐头有一排红色灯笼——惊呆的同时，也意识到了世博会可能是这种形象广泛传播的契机。另外可以肯定的是，檐头位置的灯笼还曾在 1867 年、1900 年的巴黎世博会上出现。

两座日本馆虽说都是和风建筑，却以数量众多的歇山顶和千鸟破风、唐破风与花头窗 [1] 等造型为特征。也就是说，华丽的佛教寺院风格的设计受到了青睐，而神社风格反倒

1　花头窗：或作"火灯窗"，镰仓时代由中国传入的禅宗建筑中的一种窗户形式。因窗框上方的花形或火焰形的曲线造型得名。

悬挂着灯笼的"和风建筑"
上：1900 年巴黎世博会
下：深圳"世界之窗"主题公园中的"桂离宫"

成了例外。

　　特别值得一提的还有 1893 年的芝加哥世博会。于岛上建设，在水中形成倒影，宛如平等院凤凰堂一般的日本馆，在充斥着大量白色古典主义建筑，被称为白色之都的芝加哥世博会上大放异彩。建筑由久留正道设计，他也是圣路易斯世博会日本馆的设计者。难怪有人评价道："在所有外

1893年芝加哥世博会"凤凰殿"

平等院凤凰堂

国馆中最令人感兴趣、最富有异国情调的当属亚洲诸国的场馆，而它们中的第一名当属日本的建筑。"[1]

　　日本在芝加哥世博会上较其他国家投入了更多的财力。日本馆"采用宏伟的寺院形态，由主体与两翼共三部分构成，象征着不死鸟的形象"。的确，这座建筑可谓战前的和风日

1　大卫·F.伯格：《1893年的芝加哥白色之都》，1976年。——原注

帝国饭店（设计：弗兰克·劳埃德·赖特）

本馆中的最大力作。

　　以芝加哥为大本营的弗兰克·劳埃德·赖特在到访世博会时邂逅了这座建筑，并对日本产生了兴趣。他应该是被建筑与自然的关系和强调水平性的构成所吸引。此后赖特开始在他的住宅设计中添加日式元素，并短期旅居日本着手帝国饭店的设计。由此看来，芝加哥的日本馆产生了巨大的连带效应。

　　即使在装饰艺术风格盛行的 1925 年巴黎世博会上，日本馆仍然被设计成了一座二层的日本住宅。如果将注意力集中在屋顶就会发现，对歇山顶、挑檐、悬山、向拜[1]的使用，

1　向拜：在神社或寺院建筑正面，从屋顶局部伸出的类似雨棚的部分。其形态可以是屋顶的自然延伸，也可以做成破风的造型。

EXPOSITION INTERNATIONALE DES ARTS DÉCORATIFS — PARIS 1925
27 - Le Pavillon Japonais — Japanese Pavilion

1925年巴黎世博会日本馆

使它给人一种复杂缠绕、层层堆叠的印象。就像江户东京建筑园中的高桥是清邸的外观一样。

　　1937年的巴黎世博会打断了日本馆沿袭和风的传统，高度纯粹的现代主义设计主导的日本馆突如其来地出现在人们眼前。虽然近代建筑已经在西洋开始变得深入人心，但对于一成不变地沿袭传统风格的日本馆而言，可谓是一次基因突变式的转变。这是一座由坂仓准三设计的建筑。与前川国男一样，坂仓也是曾在勒·柯布西耶事务所学习的建筑师。他具有日式空间感的设计方向，在实现了高水平的现代主义建筑的同时，也以此次展会为契机被传承至战后时代。

3 现代主义摸索的另一个日本

轰动世界的出道——坂仓准三

村松贞次郎就 1937 年的日本馆评论说它是区别于当时日本国内的帝冠样式的建筑，"坂仓准三的新鲜设计，是对近代建筑追求的功能性、合理性与日本的独特性的整合，是值得关注的出道作品"[1]。巴黎世博会上，名不见经传的日本年轻人设计的、位于特罗卡德罗花园的日本馆，与阿尔瓦·阿尔托的芬兰馆和霍塞普·路易斯·赛尔特的西班牙馆一道，获得了建筑门类的大奖。

虽然坂仓在勒·柯布西耶门下的修学也算是一件大事，但在现代主义文脉中，这是第一件获得高度评价的日本建筑师的海外作品。来自东方国家的基因突变的杰作，就这样令人猝不及防地出现了。

以下将从《呐喊：建筑家坂仓准三的生涯》（2009 年）一书中，摘录出当时主要的建筑史学家的反响。

推动了现代主义运动发展的希格弗莱德·吉迪恩，在严厉批评日本馆展品的同时也谈道："在建造无拘无束的展馆之中，最美的恐怕是日本的那栋建筑。……与庭园很好

1　近江荣：《近代建筑史概说》，1978 年。——原注

1937年巴黎世博会日本馆（设计：坂仓准三　照片提供：坂仓建筑研究所）

地结合……展馆在呈现西洋风格的同时又将日本精神贯彻始终。"另外建筑史学家亨利·罗素·希区柯克也在对陈列品一笑了之后说道："日本馆试图在早期的国际主义风格形式与过去的民族形式之间取得协调。从结果上看，它获得了极为良好的效果。"

远离日本的杂音——杰作诞生

来看一下坂仓设计的巴黎世博会日本馆的详情。

在坡地上由纤细的柱子轻巧地撑起的躯体，令人联想起生子壁[1]的斜向网格幕墙，由坡道连接的各个展室，环抱四周同时指向外部的具有漂浮感的坡道——难以想象拥有如此高完成度的空间，是一个半路出家的 35 岁建筑师的出道作品。当时的坂仓被满足功能的有机体、拥有"优秀的建筑精神"的桂离宫倾倒，致力于使日本馆也能够在应对展馆功能需求的同时，成为"以日本的建筑精神为灵魂的建筑"。他还对"日本主义建筑"——采用无实际功能的、投机取巧的和风屋顶的建筑——的倾向进行了批判："'日

1　生子壁：或写作"海鼠壁"。土藏（一种多作为仓库使用的日本传统建筑形式）等建筑中使用的日本传统外墙样式。具体做法是在外墙上铺平瓦，并在瓦与瓦的接缝处按鱼糕形（半椭圆形）涂抹灰泥，形成突出墙面的网格状的造型。

本主义建筑'不过是建筑的一种畸形。进行这种尝试的建筑师在暴露自己对建筑毫无理解的同时，实际上应当作为日本文化的亵渎者承受非难。"[1]

实际上，日本馆原计划是由坂仓的前辈前川国男进行设计。[2] 但是由于前川的设计在所谓"足以向世界宣扬日本文化"的要求方面，遭到了"并不是日式设计"的非议而被埋没。最终结果是，虽然后来前川在很大程度上添加了日式风格的元素，设置了红色抹灰的柱子，还为满足对建筑高度的追求增加了突出屋面的结构，但世博协会的理事会还是选择了其专家组成员前田健二郎的方案。岸田日出刀虽然也以评委的身份参加评选并力推前川的设计，但因外出考察柏林奥运会而缺席了最终决议。

不过，由于法国提出与本国工程师协同工作的请求，导致前田的方案一时难以应付，于是当局在此情形下紧急征调了坂仓。坂仓向勒·柯布西耶租借了其事务所的房间，并在现场修改前田的方案，结果完成了一件完全不同的设计。可以说，是在远离日本杂音的地方诞生了这件杰作。

---

1 《关于巴黎世博会日本馆》（1939 年），载神奈川县立近代美术馆：《建筑家坂仓准三 活在现代主义》，2010 年。——原注

2 松隈洋：《巡游巴黎世博会日本馆（上下）》，载《建筑 JOURNAL》，2013年 7 月、8 月刊。——原注

"日本馆设计者"的荣光与职责

如前文所述，前川在战后成为日本馆的设计者。而大阪世博会的前一届，即1967年蒙特利尔世博会日本馆的设计者，是曾在美国学习、设计了东京奥运会场馆的芦原义信。

这座建筑的特征同样不在屋顶之中，而是使用预制混凝土（PC）的构造做法建造的、类似井干式建筑的外墙。另外，当地仅有半年施工周期的气象条件，及加拿大技术工人短缺的劳务条件也是选用PC构造的原因。首层的架空结构将建筑整体托起，三个展室的楼面标高逐级下降，同时相互连接形成雁行的构成。建筑开口采用了类似京都大德寺的孤篷庵中，遮挡朝向庭园的上部视线的手法。

芦原对于因预算不足受到掣肘及建筑设计完成后才确定展示内容的情况有着如下叙述："即便如此，我们还是决心在建筑上直面挑战，努力将日本建筑中流传至今的传统与日本高水平的建筑技术结合。"[1]以及"想呈现日本人的天性中流露的东西……于是尝试追求非左右对称的构成，或像流水由高处向低处跌落一般的构成"。

话虽如此，这座下届世博会主办国的场馆，好像并没

---

1 《新建筑》，1967年8月刊。——原注

有引起太多关注。现场报道《报道：EXPO67》中谈到，如同"打翻的玩具箱"的世博会会场中，"严肃认真的日本馆……到头来像是一场高雅的展销会"，入场人数并没有多少。

在期盼已久的由日本举办的大阪世博会上，日建设计担任了日本馆的设计工作。这是由五个圆筒形的体量相互连接，如本次世博会的樱花花瓣标志一样的规划布局。虽然从空中俯瞰，建筑确实展现出了符号一般的形象，但从地面上看到的不过是一些巨大的油桶而已。大阪世博会上除了丹下健三与新陈代谢派建筑师们的活跃外，在外国馆与民间展馆中也出现了各式各样的实验性设计。而日本馆因为没有太多建筑上的看点，以至几乎被所有建筑杂志的世博会特辑忽略。

从日本馆设计者的委任中可以了解政府对建筑的考量，以及政府心目中的重要建筑师人选。安藤忠雄与坂茂分别在1992年塞维利亚世博会与2000年汉诺威世博会当选为日本馆的设计者，并完成了优秀的设计。二人设计的展馆除了空间性以外，还存在对材料的实验性应用，是战后历届日本馆当中的巅峰之作。如今二人都已是活跃于世界的普利兹克奖得主，而这两件曾被大量人群注视的作品，或许也起到了将他们推向世界舞台的作用。

1992 年塞维利亚世博会日本馆
（设计：安藤忠雄　资料提供：安藤忠雄建筑研究所　摄影：松冈满男）

日本馆联结世界

安藤并没有重复他擅长的清水混凝土建筑，而是挑战世界最大规模的木造建筑。由指接板组合而成的、高达25米的4根立柱；60米的面宽与40米的进深；敷有下见板的曲面外墙；柱身上部的斗拱和令人联想起大佛样的梁架结构；从聚四氟乙烯材质的半透明膜中射入的光线。这是一座全新的、充满律动的巨大木造建筑。

安藤对日本馆有着如下定位："世博会的展馆早已变成对谄媚的日本趣味与单纯的高新技术的强行推销，不能任由它们不知羞耻地将这个国家当下的混沌状态展现给世人，也就是说，不能再以过去参加节日庆典的心态去表演杂耍了。这一次，展馆必须使日本的传统文化与当今的高新科技，在高度洗练的场所中融合，并对其实现跨国境交流的可能性进行提示。"[1]

在实际建设的过程中，成立了由技术人员与木工匠人组成的国际团队，集结了来自非洲与世界各地的木材、比利时的工艺做法、美国的原材料加工、西班牙的施工企业和竹中工务店的统筹管理。这也是首次将结构解析、品质管理、信息提供的功能导入计算机，依靠现代化的技术手段与全球化的网络架构完成的建设项目。建筑虽为木造，却既不是俗套的传统建筑，也不是屋顶的建筑。

安藤谈到他试图在日本馆中，通过西洋与东洋的激烈纠葛，令全新的建筑关系萌芽，并为此放弃了世界通用的技术手段，转而选择了远离西洋的日本传统技术与材料。

4 不落俗套的日本风格

环境性能的表现

此后一段时间的日本馆，延续了蜿蜒曲折的造型。特

---

1 《新建筑》，1992 年 5 月刊。——原注

2000 年汉诺威世博会日本馆（设计：坂茂　摄影：平井广行）

别令人印象深刻的是弗莱·奥托任顾问、坂茂负责设计的
2000 年汉诺威世博会日本馆。这是一座像巨大的蚕茧一般
的建筑。坂茂拿手的纸筒网格创造了起伏的薄壳曲面，同
时也顺应了以环境问题为主题的世博导向，展示了可在拆
除后回收或重复使用的建筑设计。覆盖长 74 米、宽 35 米
的大型空间，最高处可达 16 米的屋顶，也被贴上了具有防
火性能的纸膜。办公楼也由租赁的集装箱替代。这是世博
会日本馆历史中的划时代设计。坂茂的一系列建筑正是因
为这种特性获得了世界范围的好评。

　　有趣的是，坂茂在杂志的介绍文章中，仅就材料、构

造、结构等建造体系与技术冒险进行了说明，[1] 却既没有谈论屋顶形状也是理性的结果，也没有谈论建筑中日本风格的消失。

不过，海外的人们恐怕还是从中感受到了日式气息。因为这是一座明亮且轻盈的纸质建筑。在异国眼中，日本的传统建筑显然是以使用木材与纸进行建造为特征。所以，这座建筑虽然在形态上几乎与传统建筑没有相似之处，但对材料的选择与开放性的空间，仍可作为日式表达被人们接受。虽然建筑中的合理性构思是坂茂在美国学到的，但日本人的身份导致他只要选择纸作为建材，就会衍生出这种特别的含义。

设计的重要性的缺失

在此后的日本馆中，建筑环境性能被摆到了醒目位置；而另一方面，建筑意义上的设计变得不再受人关注。

因"爱地球博"的昵称闻名的 2005 年爱知世博会上，长久手会场的日本馆用 19 米高的巨大竹笼，围合出长 90 米、宽 70 米的空间。根据设计方日本设计的介绍，这是一座为

---

1 《新建筑》，2000 年 8 月刊。——原注

了回应"自然的睿智"主题，由小隈笹[1]的外墙与光触媒的金属屋顶等 11 项对环境友好的、可持续性的新技术构成的展馆。不过，该建筑就像是一台由散乱的样品拼凑而成的玻璃展柜，并没有设计上的统一性可言。"爱地球博"的另一座日本馆——由山下设计负责的濑户会场的日本馆，为了尽量减少开挖土地范围，被设计成了向上方突起的建筑形态。该建筑有着以国产日本落叶松为材料的指接板组成的、具有次级防火性能的外墙，以及在中央处设置的通风塔，好像凑齐这些要素就是一座了不起的建筑一样。

2010 年的上海世博会上，由日本设计负责的日本馆，有着被称作"紫色海参"的外形，还有将室内外的自然环境融合起来的 6 根名为"生态管（ECO Tube）"的结构柱。该建筑以打造传统环境技术与尖端环境技术融合的"近未来型环境建筑的实验型号"为目标，可它还是一座堆砌技术规格的建筑。爱知与上海的日本馆虽然都有着醒目的、不规则的屋顶，但遗憾的是，它们都不是洗练的设计。

2015 年米兰世博会日本馆，由北川原温任建筑策划、石本建筑事务所负责设计。该设计以"日本传统文化与先

1　小隈笹：隈笹，即维氏熊竹。小隈笹为隈笹的低矮品种，常作为日本庭园中的地被植物使用。

进技术的融合"为方针，具有环境性能的立体木格子成了设计亮点。

安藤忠雄与坂茂的日本馆，在传统文化与现代技术的融合及环境性能方面取得了突破。不过，这些在今天已经沦为了千篇一律的表达，而大型设计机构也仍在持续着堆砌技术规格的建筑设计。

威尼斯双年展的日本馆

在被称为"世博会时代"的19世纪末，威尼斯双年展从1895年开始，陆续将各国展馆布置在了主会场拿破仑花园之中。接下来对当时的情况进行大致介绍。

日本早在1897年就参加了第二届双年展，并展出了大量工艺美术品。[1]后来中央馆与美国馆也在战前对日本艺术家进行了介绍，但这些并不是日本以国家名义正式参加的展览。

1931年，国际美术协会因民间的募捐而制定了日本馆的建设计划，并将设计图纸于次年呈交双年展主办方。这是一件令人回想起帝冠样式的设计。不过由于场地问题与

---

1 《威尼斯双年展——日本参加的四十年》，国际交流基金，1995年。——原注

战争的扩大化，该方案未能获得实现。另外，接手澳大利亚废弃展馆的计划，也因太平洋战争的激化被迫取消。

日本再次正式参加双年展是战后的 1952 年，从这时开始，日本馆才真正成了一个议题。虽然双年展当局提供了土地，但是由于日本外务省的预算不足，一时间计划面临破产。多亏普利司通轮胎的社长石桥正二郎的捐款才好不容易完成了建设。作为美术收藏家与建筑爱好者的石桥，还曾为东京国立近代美术馆（1969 年）的建设提供了资金。

有别于帝冠样式的感性

受建筑界的推举，刚刚结束勒·柯布西耶事务所的工作，从法国回到日本的吉阪隆正成为双年展日本馆的设计者。他与 1937 年巴黎世博会时被启用的坂仓准三和 1958 年布鲁塞尔世博会时的前川国男一样，在国际舞台上作为勒·柯布西耶门派的建筑师受到重视。

吉阪因为父亲在联合国工作的关系，从幼年起就在日内瓦与日本间往来，或在欧洲各国游历。对于一个 1917 年出生的日本人而言，成为一个世界公民并不是常有的情况。吉阪是一名有着区别于帝冠样式的精神世界的建筑师。不同于帝冠样式通过易于理解的符号——屋顶——表现日本风格，吉阪在引入外部自然环境的空间方面和对景观的重视方面继承了日式的感性。

在各国展馆中，于 1956 年完成的日本馆，坐落在一块独特的用地之上。这里的土地并不平整，建筑与高低错落的景观相结合是该设计的重要特征。底层架空的形式或许会让人想到来自师匠的传授。话虽如此，相对于现代主义的底层架空空间——割裂建筑与大地的建筑装置，日本馆中的这部分空间，却与拿破仑花园平缓的丘陵间形成了复杂的关系。架空空间的地表部分被规划成了雕塑的展示空间，登上位于左侧的楼梯绕行的话，可以直接从主玄关进入被抬高的展室内部。

在拿破仑花园中，像这样灵活利用地形的展馆恐怕只此一家。2002 年的时候，在架空空间中又加建了仓库与洗手间，楼梯的旁边也被追加了一条坡道。结果这导致建筑下方的空间被挤占，光线难以照射进来。不过后来随着伊东丰雄对它的最新一次改造，建筑又回到了接近其本来面貌的状态。

日本馆的建筑图纸对置石的详细布置、石材铺装的分缝做法乃至种植与水池等都做了细致的描绘，可以看出：设计者为了不砍伐现有树木而有意采用了曲折的动线与建筑布局。架空层标高的图纸中，仅有墙体与柱子的信息被保留了下来，建筑物的存在感单薄，就像是一张庭园的图纸。

从架空部分仰视的威尼斯双年展日本馆（设计：吉阪隆正）

建筑与场地并非"图"与"底"的关系，二者被当作一个整体进行构思。

　　吉阪是一名爱好登山、热爱自然的建筑师，所以日本馆也不是一座与自然对峙的建筑。在设计之初，自然光线可以透过屋顶的玻璃砖照进室内，特别是屋顶中央86厘米见方和楼板中央175厘米见方的开口，形成了外部的光线与气流可以进入的室内空间。这座建筑没有阻隔内部与外部的空间，反而使它们融为一体，然而这些亮点却消失在后来的改造中。实际上，这种空间对于脆弱的画作而言算不上良好的环境，该设计当初获得好评的同时，也出现了对其展览功能的质疑之声。

建筑展的展出历史

威尼斯双年展的国际美术展已持续了一百多年，日本馆也已经有半个世纪的参展历史。而另一方面，官方的国际建筑展却直到1980年才开始举办，日本馆参加的时间也是从1991年开始算起。

特别值得一提的是1996年至2004年间被称为矶崎新体制的展览。矶崎新在1996年、2000年和2002年担任了日本馆的策展人。在1996年的"龟裂"主题展中的建筑展上，被搬进会场内的阪神淡路大地震的瓦砾，构成了特异的装置艺术作品。它与宫本隆司拍摄的巨幅照片——损毁的街道场景——一同成为展会话题，日本馆也因此收获了首个金狮奖。

有意思的是，封堵后的屋顶与楼板的洞口在这个时候被重新打开。在由堆积的瓦砾与巨幅照片重现废墟景象的昏暗房间中，一道光线垂直洒落。吉阪事务所的前成员对建筑被恢复成原有的姿态感到激动，并表示日本馆的最初构想，就是为了表现从战败后的废墟中重生的建筑的具体形象。

2000年的展览以"少女都市"为主题，史上最年轻的艺术家Yayoi Deki等人参展。令人印象深刻的是，SANAA为表现少女的感性，将日本馆的室内外改造成了纯白的空间。另外，2002 年的展出主题是"汉字"的文化圈。

2004 年，年轻的森川嘉一郎因矶崎新的推荐当选为策展人。主题为"OTAKU：人格—空间—都市"的展览关注了秋叶原与 Comiket[1] 中的宅文化。本次展览以矶崎新于 1978 年企划并在世界各地巡展的介绍日式"时空间"概念的展览"间"为摹本，将当时的关键词"侘"与"寂"[2] 置换成了"萌"与"罦"[3]。

废墟、少女、御宅，每一个词都与普通的建筑展无关。不如说这是一次有意识地针对海外的东方主义情结，打破建筑固有形象的展览。回想矶崎新在 20 世纪 60 年代一边介绍同时代的建筑电讯派与超级工作室，一边谈论"建筑的解体"的情形，可以推测他在 20 世纪末至 21 世纪初期间启用新生代的同时，重复着新一轮的"建筑的解体"。

1　Comiket：日本最大的同人志展会 Comic Market 的简称。展会的主要运营形式是贩卖和展示动画、漫画、游戏、小说等二次创作作品。

2　"侘"与"寂"：日式审美中的两个概念。可简单将"侘"理解为物质上清贫但高雅的美感；将"寂"理解为物品受自然影响旧化后的美感。

3　"萌"与"罦"：日本御宅文化中的两个概念。"萌"指对动漫、游戏人物的某些特质的强烈喜爱之情；"罦"指以男性间爱情为题材的、面向女性读者的漫画与小说。

媒体的期待与日本的现实

不过，一直采用戏谑的手法也不是长久之计。于是笔者在 2008 年以日本馆策展人的身份举荐石上纯也为参展艺术家，并在那时提出了"从结束到开始"的概念。

当时虽然举行了设计邀请竞赛，但是在日本馆周围建造奢华的温室建筑群的规划，曾屡次遭到评委们提出的是否表现了日本特质的质疑。坦率地讲，此时的笔者与石上对日本风格毫无兴趣，反而认为应当进一步发扬与自然融为一体的吉阪建筑的精神，努力实现外部与内部边界暧昧的、景观般的环境。

然而，现实却是自双年展开幕之后，处处都在强调着日本的存在。首先就是外国媒体反复指摘温室的开放空间和室内外浸透等特征与日本传统建筑之间的联系。超薄的玻璃与极细的柱子等纤细化的设计，也一定会被当作日式的表达。完工后的小型温室，以借景的手法透过玻璃，将邻接的俄罗斯馆与背后的韩国馆中的绿植与树木引入室内。必须承认，虽然"借景"是极为日式的用词，但在对媒体使用时确实可以最大程度地起到传达效果。

在陈列着来自世界的各式展馆的国际展台上，的确存在着激发日本特质的磁场。但是就笔者个人感受而言，最能体现日本风格的应属展会的布置现场。因为在日本馆之中，

威尼斯双年展日本馆·2008 年国际建筑展

在吉阪隆正的日本馆本体周围，建造了石上纯也设计的玻璃"温室"

优秀的铁艺匠人与玻璃匠人实现了极其精密的施工，大批学生志愿者付出了长时间的重体力劳动。这些都是不同于其他任何一座展馆的风景。

九段会馆（原军人会馆）

第三章

屋 顶

1 样式的嵌合体[1]——"帝冠样式"

蝇与人的合体或融合

正如本书第一章中介绍的，在近代钢筋混凝土建筑的躯体上生搬硬套地加载和风屋顶的做法，即所谓的"帝冠样式"，作为对现代主义的反叛，在日本寻求身份认同的第二次世界大战前夕登场。

一见到帝冠样式，总会不由自主地想起两部电影。

这是两部前后大约相隔三十年，名为《变蝇人》（1958 年）与 *THE FLY*（1986 年）的科幻电影。虽然两部电影的英文名同为 *THE FLY*，但是它们在将不同的物体组合在一起的设计上，展现了各自不同的手法。

---

1 嵌合体：遗传学概念，指不同遗传性状的细胞在体内共存的生物个体。该词的语源为"Chimaera"，即后文中的"奇美拉"——希腊神话中有着狮子头、山羊身、毒蛇尾（本书作者理解为龙尾）的雌性怪物。

前者是在物质传送装置的实验中，偶然飞入的苍蝇与科学家的身体结合的剧情。不过，电影以极其生硬的方式表现了不同物体间的组合，这在今天的我们看来甚至有一点滑稽。因为一个大号的苍蝇头被直接安在了人的身体上。另外在电影的结尾处，还有一个在渺小的苍蝇躯体上长着人类头部的分身出场。

虽然这是一部20世纪的科幻电影，但其角色或许与古典的怪物造像契合。从希腊神话中的奇美拉（狮子头、山羊身、龙尾）到在罗曼式建筑柱头上徘徊的想象中的动物，所谓的怪物，基本上都是对现实中的动物进行解体，然后再将不同部位拼合而来的。

另一方面，*THE FLY* 是由导演戴维·柯南伯格指导的重制版。其故事情节虽与前作相同，但表现手法与叙事展开却不太一样。混入实验室的苍蝇被传送后，科学家在一段时间内并未产生肉眼可见的变化，继续维持着人类的形态。不过他还是在之后察觉到了身体的异样，最终在缓慢的变身后成了怪异的蝇人。影片中的怪物并非单纯的人蝇合体，而是无法明确分辨人类与苍蝇之间界线的融合体。

两部电影不同的表现手法，也直接反映了它们各自所处的时代背景。也就是说，剧情的变化体现了致力于DNA

《变蝇人》（1958 年）系列 　　　　　　　　*THE FLY*（1986 年）

破译的遗传学的进步，而影像技术的变化体现了真实呈现
复杂变身的视觉特效的发展。顺便一提，《THE FLY 2：二
世诞生》（1989 年）也是以基因混合为主题的电影。无论如
何，电影 *THE FLY* 以不同的高度完成了对人类与昆虫的混
合体的表现。

　　至于合体还是融合，不用说，电影《变蝇人》当属前者。
在这部电影中出现的像在树上嫁接竹子一样突兀的生物组
合，不禁让人想起了帝冠样式。

下田菊太郎的"帝冠合并式"

近代以后的日本建筑，并没有心无旁骛地沿着所谓西洋化的进步道路前行。每当对异文化的吸收告一段落时，本国的身份认同就会成为问题，随之而来的是在回归过去的反叛中，继承所谓传统与近代融合的论题。在这个过程中，出现了名为帝冠式的风格。与追求抽象的建筑体量的组合和良好的建筑比例的现代主义相比，令传统与现代以简单易懂的方式合体的设计，更容易与建筑专业外的普通人拉近距离，并向他们传递简明的信息。这也可以理解为日本头脑、西洋身躯的"和魂洋才"[1]在建筑上的直接体现（虽然将头发染成茶色后，反而只有脑袋看起来不像日本人了）。

即使从远处观察，屋顶仍是建筑中最显眼的部位，更是日本传统建筑中最具特色的部位，因此屋顶是最容易实现形象化或符号化的地方。也难怪表现地域性的屋顶会在观光地的建筑中得到推广。

下田菊太郎的帝国议会议事堂方案（1920年）时常被指摘为"帝冠式"称谓与设计手法的起源。下田自称为"建

1　和魂洋才：明治维新时期提出的，在坚持日本固有精神的同时，吸收活用西洋的优秀学问、知识与技术，并使二者协调发展的思想。文中指用西洋的建筑技术仿造日本的传统建筑，或用西方的美发技术制作日本人的发型的做法。

筑界的害群之马",他是即使面对当时的建筑界领袖辰野金吾也能够坚持己见的人物。他还为一吐心中怨气,写下了《思想与建筑》(1928年)一书,从而成为首个执笔正式自传的日本建筑师。

下田给出了在类似奥地利议会大厦的古典主义建筑上,加载由歇山顶、唐破风与千鸟破风组合而成的复杂屋顶的方案。它是"纯正的古典式(放之四海而皆准的样式),与其上方象征帝位的宫殿型"的合体。

在他的图纸中还存在另外一个版本,即维持屋顶以下的部分不变,将屋顶置换为希腊神殿风格造型的设计。这个版本进一步明确地展示了建筑像更换冠冕或帽子一样,能够替换上方屋顶的样式。

下田亲自将这种新样式命名为"帝冠合并式",因为象征大日本"帝"国的屋顶,像"冠"一样君临于西洋建筑之上。他将该样式解释为"新日本帝国真正凌驾于各传统大国之上的表象,以及拥有大统帅精神与世界最强国体的大帝国的表象"。也就是说,该样式并不是简单的合体,而是通过"放在上面"的客观行为,表现超越西洋的日本形象。

然而下田的方案并未获得好评,也未能在设计竞赛中当选。于是他一边对自己的设计意图进行说明,一边写下了以下抗议文字。

首先是对"建筑应当以表明国民思想与国家品味为目标"的定位。他认为在设计竞赛中将中央的高塔覆以穹顶的众多提案，是以"美国的平等观念"为基础的造型，并批判这种造型"有别于建国的体制，对于以其他风物为志趣的我国"而言实属"无用之物"。他还说道："基座与垛墙应遵循世界古典式——坚实的、如城垒一般的样式，屋顶则应效法皇国固有的紫宸殿[1]样式，或内宫外宫[2]样式的纯日本式……应将彼此的优点消化以求并用。"国会议事堂[3]在当时被视为决定日本未来建筑样式的重要试金石，而帝冠式就是在这样的重要时刻登上了历史舞台。

　　不过，建筑史学家伊东忠太严厉批判下田的设计，称"帝冠式为畸形的捏造物"。他还贬损到，像"身着平安朝廷的束带[4]头戴大礼帽"一样不成体统的"狂建筑"，在结构上也不具有合理性，实为一文不值的"国耻"。究其原因，伊东倡导的是由木造向石造的建筑进化理论，因此他视帝冠式为放弃结构与意匠协调的设计也在所难免。

1　紫宸殿：位于日本古代宫城中的天皇私人区域内的正殿。

2　内宫外宫：指伊势神宫的内宫与外宫。

3　国会议事堂：即前文的帝国议会议事堂。随着日本1947年颁布宪法后议会改制为国会而更名。

4　束带：平安时代以后，天皇以下的公家（侍奉朝廷的贵族、高级官员）的正式服装。

下田菊太郎的两版国会议事堂方案
上：和风屋顶的版本
下：希腊神殿风格屋顶的版本

异国眼光的介入

顺便一提，欧洲虽然已经出现了新的结构与材料，但在探索与之相适应的设计手法时遇到了瓶颈，而席卷19世纪欧洲的折衷主义，实际上也是像翻阅产品目录一样将复数的样式组合后的结果。例如混入了埃及与亚述样式的布鲁塞尔司法宫（1883年），还有将古典主义与哥特式等原本互不相容的样式混合的事例。也就是说，样式被理解成了可以针对各类建筑的性格与 TPO[1] 进行操作、选择、组合的对象。

由此看来，只要具备这些设计知识，日本就算没有下田，也迟早会由某个人想出帝冠式的主意。实际上，曾批判过下田方案的伊东所设计的东京都慰灵堂（1930 年）等建筑，也是对不同元素折衷后的结果。

话虽如此，下田在议事堂的设计竞赛中构思出帝冠式的原型，仍是一个有趣的事实。下田是最早访美的日本建筑师之一。据说他的议事堂方案在当时获得了外国人的好评。由此看来，帝冠式的构想或许从一开始就是异国眼光介入的结果。事实上，从美国归来的下田无法融入日本建筑界，一直处于孤立的状态。

顺便一提，下田取名"帝冠合并式"的初衷是为了与折衷式划清界限。他解释道："折衷式即所谓的杂种……是历史的杂婚型，因此存在缺乏统一表现的遗憾，而合并式展现出了某一方面将其他方面兼并的勇气。"

就这番话而言，合并式"绝非徒劳的各种样式的混合，而是对各自优点的消化、吸收与融合"。也就是说，它并不是各种样式的平等排列，而是日本样式以居高临下的姿态对

1　TPO：和制英语，是 Time（时间）、Place（场所）、Occasion（场合）的缩写。

布鲁塞尔司法宫（1883 年）

东京都慰灵堂（设计：伊东忠太）

其他样式的融合。不，由于"合并"一词还让人联想到对他国的兼并，所以或许还可以从中解读出，作为"冠"的日本成功上位的政治隐喻。

不过下田的设计还是有一点缺乏说服力。从意匠的角度来看，就算将它与布鲁塞尔司法官做比较，也会觉得对其更合适的描述是生搬硬套的上下合体。如果说存在与电影 *THE FLY* 的形象接近的建筑，那么答案或许存在于受日本与西洋文化熏陶的一代人的设计之中，以及融合各式元素片段的后现代主义或拟洋风建筑之中。

2 后现代主义发起的再评价与批判

什么是帝冠样式

说起来，到底应该在什么样的情况下使用帝冠样式一词呢？

笔者曾在执笔《爱知建筑导览》中有关德川美术馆（1935年）的解说时突然发此疑问。查阅既有的解说会发现，这座建筑被归到了帝冠样式的分类之中。德川美术馆拥有装饰了虎鲸形鸱尾的歇山顶，还有白墙、石垣等富有名古屋特色的城郭风格的外观，而建筑的躯体则是钢筋混凝土结构。

德川美术馆（设计：渡边仁）

设计者渡边仁还设计过帝冠样式的代表建筑——位于上野的东京帝室博物馆（1937年，现为东京国立博物馆）。另外名古屋市内现存的名古屋市役所（1933年）与爱知县厅舍（1938年），也都是著名的帝冠样式的代表建筑。这样看来，确实容易将同时期的德川美术馆与这些建筑混为一谈。

但是笔者却对这种分类方式不太赞同。其中一个原因是，德川美术馆是一座非公立的私有建筑。而被称为帝冠样式的建筑，一般以神奈川县厅舍（1928年）等政府官厅居多。无须赘言，它们都是象征权力的建筑。

在对国会议事堂设计方案的探索过程中，下田菊太郎给自己的提案取名为"帝冠合并式"，这被认为是"帝冠样式"一词的由来。既然名称含有"帝"字，那么理应在具有政治含义的设施中使用。

帝冠样式的其他例子，还有在以传统设计为宗旨的设计竞赛中实现的国立与公立建筑，以及依照国策推广的观光酒店。然而德川美术馆却不属于它们中的任何一类。

或许的确存在抛开一切政治性不谈，单纯从造型立场出发的帝冠样式。这是因为，动画《舰队 Collection》实现了战舰与少女的合体，从而赋予了帝冠样式形象化的含义，一个用猫耳萌倒观众的网站悉数登场的时代已经到来。[1]

即便如此，德川美术馆对"帝（和风）"的表现也并不局限于"冠（屋顶）"。因为屋顶以下的部分也几乎全部是日本建筑的趣味。如果建筑全体都是日式，按常理应该称它为和风建筑。

顺便一提，纯粹以造型定义的帝冠样式也不一定是日本固有的事物，类似的建筑同样存在于亚洲各地，例如作为中国的国家工程建造的十大建筑等。这是因为在迎接现代化进程、由木造建筑向钢筋混凝土建筑迁移的亚洲圈中，到处都面临着身份认同的问题，也普遍尝试了加载传统屋顶形式的设计手法。虽然地域性的差别可以体现在屋顶的

---

1 "猫耳"，指头上长有猫耳的动漫人物形象。此处作者想表达大众在"万物皆可萌"的网络文化中，已经接受了将人物与其他物体结合的角色形象设定，而这种设定其实就是无政治含义的、纯造型的帝冠样式。

坡度与细节之中，但是由于日本的古建筑一直以来受到中国的影响，使得二者之间的差别出乎意料地难以区分。

与法西斯主义合作的建筑样式？

1931 年东京帝室博物馆（现为东京国立博物馆）的设计竞赛，是建筑史上围绕帝冠样式展开的著名事件。竞赛的募集要求中记载着"样式选用以日本趣味为基调的东洋式，并且需要与内容保持协调"。其目的是通过建筑样式，体现收藏日本与东洋古典美术品的建筑内涵。此次竞赛虽然在造型上对日本独有的形式提出了要求，但本质上是 19 世纪欧洲历史主义范畴中的、结合建筑用途选择相应样式的态度的延续。

然而日本国际建筑会对日本趣味的强制性要求表示反对，随后发表了拒绝应征的声明文章，即反对"以偏颇狭隘的个人趣味为意匠标准"的评审。另外近代建筑师前川国男与藏田周忠也抱着必定落选的觉悟，提交了现代主义的设计。结果，包括伊东忠太与内田祥三在内的保守派评委们，将第一名授予了使用瓦屋顶的渡边仁的方案。

不过，前川等人由于坚持现代主义的信念而被视为英雄。帝冠样式是一种简单直白地表现"日本趣味"的设计手法，它也因此时常出现在当时的设计竞赛方案之中。

战后，帝冠样式作为体现国粹主义意识形态的建筑受到批判。从标榜功能主义、否定样式建筑的近代建筑的立场出发，帝冠样式同样应当遭受唾弃。浜口隆一按照这种观点为战时的纪念建筑定罪，并将现代主义建筑摆在了"人文主义建筑"的位置之上。另外，谷口吉郎设计的东洋馆与其子谷口吉生设计的法隆寺宝物馆，在坐落于上野公园的东京国立博物馆面前登场。前者没有借助屋顶，而是通过建筑整体的构成，实现了对日本建筑的联想。后者摒弃了直接的模仿，实现了能够感受到日本风格的现代主义建筑，同时也是接近电影 *THE FLY* 的嫁接设计。

不过，很难单纯因为一座建筑是现代主义的建筑，就认为它具有反法西斯的精神。前川也曾在战时的曼谷日本文化会馆设计竞赛中提交了和风屋顶的方案，还参加过东京市忠灵塔的设计竞赛。因此无法以严格的二元对立的方式看待此类问题。本质上讲，战争比近代建筑更加彻底地贯彻功能主义，也更加彻底地追求无装饰的盒子。纳粹集团在德国推广了新古典主义，敌对国苏联也推行了魔幻的古典主义。而另一方面，朱赛普·特拉尼也在意大利的墨索里尼手下设计着优质的近代建筑。

井上章一在《战时的日本建筑家》（1995 年）中谈到，日本趣味与国家意志无关，是建筑师的封闭的文脉中诞生

东京国立博物馆东洋馆（设计：谷口吉郎）

东京国立博物馆法隆寺宝物馆（设计：谷口吉生）

的概念，将它视为法西斯主义是一种曲解。他还指出，当时的日本并不存在国家权力对瓦屋顶的强制要求，只是在设计的通俗性上存在与法西斯主义关联的因素罢了。

不如说战后出于赞美现代主义的需要，才捏造了帝冠样式与法西斯主义的敌对形象。这套图示还同时隐藏了现代主义与日本法西斯主义之间的瓜葛。而现代主义建筑师

东京国立博物馆（设计：渡边仁，1937年）

法西奥大楼（设计：朱赛普·特拉尼，1932—1937年）

也没有与法西斯主义斗争到底。

井上还明确了帝冠样式在建筑的自主演化过程中所处的位置。也就是说，正是由于古典主义与学院派的规范瓦解之后，出现了样式的空白期，才给了日本趣味登场的机会。实际上，当时正是各种样式并存，现代主义即将赢得胜利的前夜。

屋顶与宗教建筑

现代主义不仅将装饰从建筑中剥离，还斩断了建筑的头颅——屋顶。也就是说，过去倾斜的建筑轮廓线正向着水平的线条转变。这也是现代主义建筑被称为"方盒子"的原因。屋顶因降雨与日照等环境因素及固有的建材条件的不同而变化，是建筑中直观地体现地域性的部位。也就是说，消灭建筑的屋顶，就是剥夺建筑的场所性与传统性。由此看来，正是这种行为成就了国际化的设计。无论对英国而言还是对日本而言，建造具有共通美学意识的建筑成为了可能。

受这种潮流影响，随着建筑防火化的推进，寺院建筑也在混凝土化的同时，出现了平屋顶的现代主义形式。话虽如此，对这种潮流的反抗一旦出现，马上就会轮到传统屋顶的回归。

新兴宗教的建筑也把注意力集中放在了对传统屋顶造型的表现上。例如，世界真光文明教团的正殿（1987 年）、崇教真光的神殿"世界总本山"（1984 年）与灵友会的释迦殿（1975 年），都将巨大的和风屋顶与结构表现主义的感染力融合。这是因为新兴宗教团体也意识到了大众性与传统性、历史连续性的存在。

屋顶的去政治化再评价

尝试对屋顶进行再评价的是 20 世纪 60 年代以后出现的、批判现代建筑的划一性的后现代主义。其理论的奠基人之一——罗伯特·文丘里，提倡为象征主义平反，并在其代表作母亲住宅（1963 年）的上方加载了如舞台布景一般的大屋顶。他还在仅使用房屋形框架再现的富兰克林故居（1976 年）与其他许多项目中，积极地使用了标志性的三角形屋顶。

在接纳这类美国后现代主义建筑理论的同时，积极开展本土实践的人是石井和纮。矶崎新在筑波中心大厦（1983 年）中，一边对米开朗基罗与勒杜等人的各式西洋历史建筑进行折衷，一边宣称从引用源剔除日本的无国籍设计，才是适合日本的国家样式。石井对此持批判态度。他认为只要一提日本就是低级趣味的战败者意识已经成为历史。他谈道："帝冠样式只是建筑样式中的一种，这种建筑本身并不是战争的起因。"从而将帝冠样式从战犯建筑的标签下解救了出来。[1]

石井在后现代主义的时代里潜心日本特质的研究。那时，他首先尝试了对伊东忠太的再评价。伊东在当今虽然有

1　石井和纮：《数寄屋的思考》，1985 年。——原注

着举足轻重的历史地位，但由于现代主义在战后成为主流，加之他与靖国神社和朝鲜神宫等具有强烈意识形态的建筑设计有关，曾在战后的一段时间内处于无人问津的状态。

因此应该承认，日本的后现代主义时代对伊东的传统造型与装饰细部的关注，是从去政治化的文脉出发展开的。另外按照这种见解，也可以从后现代主义的角度重新解读帝冠样式。

石井在《日本建筑的再生》（1985年）中，关注到伊东的作品多为纪念性建筑，包含印度与中国等风格的亚洲造型，且具有通过钢筋混凝土建筑探究传统表现手法的特点。还将他与丹下健三进行比较。

按照他的说法，相对于直接模仿过去的伊东，丹下的方法"并不是对过去的原景重现，而是对过去的写意"。另外，"如果说伊东忠太试图从日本与亚洲的关系中确立日本的概念，那么丹下健三则试图从日本与美国的关系中确立日本的概念"。因为丹下引入了美式的民主主义，建造了为民众服务的建筑。

石井对于复制的指摘也十分有趣，其主旨是，现代主义是否有资格指责伊东使用混凝土复制亚洲与日本样式的做法。也就是说，虽然早期的现代主义运动——利用铁与混凝土等新材料打造新建筑的运动——是伟大的，但后人

以"Mother's House"为封面的母亲住宅（设计：罗伯特·文丘里，1963年）

筑地本愿寺（设计：伊东忠太，1934年）

对它的沿袭其实是"对现代建筑的不同程度的复制"。因此，与只复制一种样式的做法相比，像伊东一样复制多种样式才是坦诚的做法。

石井在《数寄屋的思考》中对帝冠样式与丹下健三的设计做了以下整理：一方面，帝冠样式虽然"阴暗"，却是"寺庙中占据绝对权重的屋顶的缩微版本"，然而"没有办法用庙宇的威严之光照亮日常生活中的建筑"。另一方面，丹下"将这种沉闷一扫而空。他没有对异类事物进行拼贴，而是将它们融合直到成为一体，并赋予其轻快的感觉"。另外丹下对"神社而非寺庙"的选择，也令他的建筑与"日本的原始圣洁能量——神社"之间产生联系。石井在此基础上还说道："比起大寺院与大神社，数寄屋更令人感到轻松愉悦。"这种婉转的表达方式没有采用"应当怎样"的宣言句式，而是使用了"更喜欢哪个"的陈述方式，这也与文丘里的表达习惯一致。

石井和纮的后现代主义

石井的代表作直岛町役场（1983 年），是将各式屋顶复杂地组合在一起，同时参照具有非对称性平衡感的数寄屋建筑——飞云阁完成的设计。不拘泥于一种类型，以多样性为志趣，也是后现代主义的态度。因此他也在有关神社

直岛町役场（设计：石井和纮，1983 年）

的问题上，对于伊东与丹下绝对化地将设计的灵感源泉——
伊势神宫——"视为精神象征的行为，仍感到有许多值得
商榷的地方"（《日本建筑的再生》）。

　　起源于古代的伊势神宫被称为唯一神明造 [1]。建筑长边
处的入口和仅有一座悬山屋顶的配置，强调了它的特殊性。
不过，回顾中世以后的神社建筑历史可以发现，在吉备津
神社与宇太水分神社等建筑中，存在着屋顶造型向多样化、
复数化发展的趋势。于是石井在这种屋顶的集合中找到了
共鸣，并尝试将它运用到自己的作品之中。

1　唯一神明造：神明造，以伊势神宫为代表的日本最古老的神社建筑样式之
　　一。为了与一般的神明造区分，将规制最严整的伊势神宫称为唯一神明造。

石井设计了很多拘泥于屋顶的作品。54 屋顶（1979 年）正如它的名字一样，是将 54 个白色的房屋形框架排列于田园风景中的设计。框架的使用方法令人联想起文丘里设计的富兰克林故居。他在名为 Pair Frame（1978 年）与冈山的农家（1980 年）的住宅项目中，也将房屋形的混凝土框架作为符号使用。另外，Gyro Roof（1987 年）采用了将天坛的屋顶形态进行偏心与旋转的操作；GABLE 大厦（1980 年）将荷兰风格的屋顶作为主题；○□△住宅（1987 年）将圆柱体、圆锥体与长方体造型摆在了屋顶上方。位于船桥的购物中心 Sanrio Phantasien（1988 年），将德国"浪漫之路"的街景以主题公园的形式再现，半木结构的房屋像舞台布景一样被集中布置于此。

曾被现代主义抛弃的屋顶在后现代主义时代复活。不过，它们不再是针对屋面排水等功能需求的解决方案，也不再是意识形态的装置，而是可以自由操作的、符号化的建筑元素。

代官山集合住宅模型

第四章

新陈代谢

1 被发现的日式空间
——间隙 · 褶裥 · 内宅 · 灰调

装点日式意匠

20 世纪 80 年代是后现代主义建筑的全盛期。如上一章所述，就连建筑中总是被当作日本特质象征的屋顶，也在这个时代与意识形态划清了界限，被作为单纯的符号对待。而这正是石井和纮将古今东西的各式建筑元素当作符号采样，令每一期建筑杂志热闹非凡的时期。

60 年代，黑川纪章以新陈代谢派建筑师的身份出道。从批判性地超越近代的意义上讲，新陈代谢主义运动应当属于广义的后现代主义运动。包括黑川在内的活跃于 60 年代的新陈代谢主义者们，成为之后很长一段时间内日本建筑界的领导者。本章将就他们"发现的"日式空间元素展开讨论。

黑川于80年代设计了应被称为"三部曲"的美术馆。如果将埼玉县立近代美术馆（1982年）、名古屋市美术馆（1986年）与广岛市现代美术馆（1989）相互比较，显然80年代后半期的两件作品更具后现代主义的符号化的设计倾向。看一下名古屋市美术馆的具体情况。建筑整体没有展现出绝对的和风形象。不过，在由房屋形的主题、双轴线布局与矩形的框架构成的空间之外，还有被日式意匠——鸟居、京都角屋中的亮子的猪目（猪鼻的造型）、桂离宫的铺石与茶室的平面布局等——装点的建筑细部与室外空间。另外，三角形的屋顶也与和风无关，倒不如说它是普遍印象中"家"的符号。

名古屋市美术馆的相关资料对建筑设计有如下说明："日本的传统手法与色彩被添加到了建筑各处，西欧与日本的文化、历史与未来的共生是这座建筑的主题。建筑内部的门框与窗户引用了西欧的建筑样式与江户的天文图样，还采用了梅花的纹章与模拟的茶室窗形。室外也同样布置了木曾川的风景与名古屋城的石垣等为营造故事性而使用的符号。能够从地面、墙壁、顶棚及建筑的周围环境中读出各种伏笔，获得新的发现，也是这座美术馆的特色之一。"

也就是说，这是一座可以让鉴赏者一试身手，如智力游戏一般的建筑。因为如果对日本建筑没有一定程度的修

名古屋市美术馆（设计：黑川纪章，1986 年）

养，就无法理解一连串的造型到底意味着什么。实际上，在当时建筑界曾普遍拥有这样的知识储备，但今天却丧失了这种修养，开始嫌弃略显麻烦的典故，转而注重感官与空间的体验。

在 1989 年的特展《黑川纪章与名古屋市美术馆》的折页中，黑川的文章《走向共生的建筑》这样写道："后现代主义的思考是对西欧文化中的二元论的批判，本次展览将以历史与现代、自然与建筑、异质的文化、部分与全体的共生为主题。"

相对于与过去诀别的近代建筑，在汲取历史与传统营养之时，有两条道路可供选择："其中一条是对样式与装饰等目光所及的客观事物的汲取，另一条是对思想、宗教、美学意识等无形的精神对象的汲取。"

也就是说，"避免对不同时代与地域的事物做简单接合，而是将它们作为共时性的象征或符号的碎片进行分解，并向其中添加新的含义，使其作为记忆的碎片被更加间接地利用。"这一实践的成果就是名古屋市美术馆的鸟居与茶室。当然，这里也暗含着面向海外兜售日本建筑的策略。

黑川纪章与共生思想

黑川在其著作《共生思想》（1987 年）中这样写道："我在自己的家里享受着尖端技术与传统共生的生活。在位于 11 层的自宅中，名为唯识庵的茶室被布置在了放有电脑的书房旁边。"这就是高科技与和风的共生。

书中还针对"侘数寄"的概念，提出了"花数寄"的全新说法。一直以来，"侘"被诠释为寡默的、简素的"无的美学"，而"饶舌与寡默、明与暗、复杂与简素、装饰与非装饰、多彩与无色彩、书院风格与草庵风格共生的美学意识，才是日本本来的美学意识传统"，即弹奏出二重和声，"内藏华丽与简素感的、两面性的、共生的美学意识"。

因此，黑川批评布鲁诺·陶特对桂离宫做出的现代主义的评价是片面的认识。他指出，只要观察桂离宫的细部，就可以理解它所拥有的装饰性。倒不如说两个对立般的存在——桂离宫与东照宫——能在同一时期被建造出来，才是一件不得了的事情。另外，江户一方面是高度近代化的社会，一方面也具有"杂居性""微妙的感受性""对细密细节的执着""技术与人类的共生""建筑中混合样式的成立"等特质。

拥抱对立的元素，虽然是罗伯特·文丘里——后现代主义建筑理论的创始人——已经提出过的理论，但黑川实现了这一理论与传统论的融合，以及对它的各种演化。《灰调的文化——作为日式空间的"边缘"》（1977年）中谈道："利休灰[1]是多个矛盾的元素在冲突与抵消的过程中，形成的共存的连续状态，或非感官的状态。利休试图通过名为利休灰的色彩感受，将时空间暂时冻结，从而创造出二次元的、平面的世界。"黑川将它定性为：在光影对比强烈的、富有立体感的欧洲空间中不曾有过的颜色。

相对于石井的后现代主义对引用与复制的关注，黑川展开了对更加抽象的日本空间理论的探讨。实际上，在黑

1　利休灰：千利休，日本战国时代至安土桃山时代的商人、茶人，被尊为茶圣。利休灰，一种略带绿色的灰色，因其内敛的色彩容易联想起千利休的风格或茶色而得名。

川 70 年代的建筑中，很少出现对日式主题的直接模仿。与符号化的设计相比，他对空间的操作更加引人注目。这也与前文中提到的，黑川汲取精神的营养而非具象物的营养的说法一致。

受佛教影响的空间理论

黑川认为，在日本的绘画、音乐、演剧、建筑、城市中也存在着"二次元性"。这是对后来由村上隆提出的超平面，即 Super Flat[1] 的前瞻性的讨论。他在《灰调的文化》中谈到"可以像绘画长卷使用散点透视的画法，描绘城市房屋立面与街道空间一样"，将日本的城市空间"分解为平面的元素"。另外，回游式庭园桂离宫的构成，也"彻底回避从单一视点观察的远近关系"，是一个按照移动的视点分解的、二次元的世界（平面的世界）。它的演出效果在傍晚的灰调色彩中戏剧化地呈现出来。将这个概念进一步与佛教联系起来，也体现出黑川的个性。他认为："无法脱离佛教哲学单独存在，是日本文化的特质。如果'空'中存在色彩，

1 Super Flat：现代艺术家村上隆从传统的日本画与手绘动画的赛璐珞画中抽取的概念。其造型具有平面化、大面积留白与缺少透视关系的特征。它体现了日本的美术与大众艺术之间的无差别性，以及现代日本社会中的无阶级性与扁平化。

它应该是利休灰的颜色。"

高中时期的黑川在东海学园邂逅了佛教思想。"共生"一词也是他从学校校长的教导中悟出的说法。有趣的是，如果说岸田日出刀与陶特等人在战前将神道与简洁的现代主义设计关联，那么黑川则是在战后受佛教思想影响，开拓了后现代主义的道路。

黑川在著作《街道的建筑：走向灰空间》（1983年）中谈道："东洋的城市没有广场，西欧的城市没有道路。"这是与欧洲的二元论相悖的、通过共存的哲学追求多元论的解说。东洋的城市中，建筑在道路一侧拥有开放的空间，生活行为向着街道延伸，交通与生活形成共存。也就是说，建筑与城市作为同质的事物融为一体。另一方面，欧洲的城市空间中，建筑在道路一侧是封闭的形态。该书的后记中还有着这样的记述："我喜欢在下町[1]中行走。……将道路这种原本属于外部的空间，当作建筑空间——内部的空间——重新认识，从而使街道（窄巷）恢复活力的心情，促使我创造了街道的建筑。"黑川的处女作西阵劳动中心（1962年），就是与一条穿过它的道路相结合的建筑。

1　下町：城市中的低洼区域，旧时多为工商业者集中居住的街区。在东京指靠近东京湾一侧的下谷、浅草、神田、日本桥、深川等区域。

埼玉县立近代美术馆（设计：黑川纪章）

　　黑川关注这种灰空间的多义性，并在福冈银行本店（1975 年）与埼玉县立近代美术馆的入口周围，创造了兼具内部与外部特性的、暧昧的灰空间。街道的建筑也好，灰空间也罢，虽然多少存在强行套用字义的一面，但更重要的是，黑川连接了日本特质与空间的设计理论。

层叠的边界与"内宅"的思想

　　相对于关注"灰空间"的黑川，还有讨论"间隙"与"内宅（空间的层叠性）"的新陈代谢派成员。桢文彦在《若隐若现的城市》（1980 年）一书中提出了颇为有趣的日本空间理论。该书以江户时代至近代以后的东京为对象，总结了城市形态与景观元素的研究成果。对于书中没有重蹈符号论的覆辙以及关注自然的微地形的视角，可以从 2000 年代——中沢新一的《地球潜水》与 SURIBACHI 学会[1]登场的年代——之后的城市理论的变迁出发，再次进行评价。

桢文彦认为，"间隙"孕育了日本的城市空间形态与领域的特征。它没有欧洲城市"图与底"一般的明确形态，"也不是单纯的残余空间，而是一种赋予城市空间独特的紧张感的媒体空间"。桢还将它比作围棋的子与子之间富有意义的空隙。与欧洲城市一元的、硬朗的边界相比，日本的边界具有暧昧与柔软的特点。

与此同时，黑川关注的是建筑与城市，是内部与外部的中间状态——街道，而非拥有明确形态的欧洲广场。桢的关注点虽与黑川接近，却更加详细地分析了空间的体验。这种态度也符合他的一贯风格——设计有着细腻细部的建筑。他谈道："日本的边界层叠且多元。"

1　SURIBACHI 学会：SURIBACHI，指三面背山一面与山谷或平地相连的半盆地地貌。东京从江户时代起就依照高地、洼地等地形划分城市区域并排布建筑，其部分都市形态仍保留至今。该学会旨在调查东京都内隐藏在现代城市表皮下的、由洼地组成的凹凸起伏的自然地貌，并通过图书、徒步活动等形式介绍其研究成果，使人们以全新的角度体验城市的乐趣。

"如果用粗线表示彻底分隔内与外的物体，那么可以将日本的边界理解为虚线或多条细线的集合。也就是说，领域没有起到明确划分内与外、左与右的作用，本应泾渭分明的领域，反倒因为左与右、内与外的同时存在而变得含混不清。日本住宅的平面划分，本就会借助檐廊、挑檐与纸拉门等构件，共享这种内外环境的重合。这样看来，如果对更宏观的城市环境中的边界或边缘性持相同感受，也不是一件不可思议的事情。"

桢在论文《内宅的思想》中谈到，空间的"褶裥"[1]的层叠性，是寻遍世界只在日本发现的、极其特殊的现象。"相对狭小的空间，通过设置'内宅'[2]的概念，也可以获得纵深的空间感。"例如，书院造的情况是，"内宅"不在建筑的背后位置，建筑中独特的指向性——斜着指向建筑最深处的轴线——才是最重要的。相对于欧洲的哥特式等建筑，通过垂直性强化"中心"的思想，"内宅"的概念强调水平性，"通过看不到尽头的深邃实现对它的象征"。话虽如此，这并不意味着在终点存在高潮。这种做法不过是在辗转到

1　空间的"褶裥"：褶裥，装饰用的悬垂的叠缝装饰。如衣裙上经折叠后缝制的纹路。空间的褶裥，指空间一个接着一个地串联在一起，形成像褶裥一样多层次重叠的状态。

2　内宅（奥）：文中特指"空间的褶裥"中的最后一个（最深处的）空间。

代官山集合住宅（设计：桢文彦）

达终点的过程中，追求戏剧性与仪式感。

桢的代表作代官山集合住宅，应该是上述空间理论的实践成果。同一位设计者从 1969 年开始，在跨越 40 多年的七期工程中，将建筑一个个地添加到大街的两侧。这是一个宛如在棋局中一次次地落子，逐步创造出街道风景的传奇项目。

该设计以洗练的现代主义为基础。建筑与和风无关，也不存在起坡的屋顶。不过，它有着可被身体感知的进深感和窄巷一般的空间感。从前，每当带领海外的客人到此参观，都会听到"感受到了强烈的日本风格"的评语。另外，代官山集合住宅是一座不追求一次成型、在时光的流转中持续成长的建筑。考虑到桢与倡导演化的建筑的新陈代谢派之间的关系，或许这也是最优质的新陈代谢派的成果。

2 "出云大社·伊势神宫"理论
——日本首次与世界看齐的瞬间

二元论引发的"回归日本"

近代之后，来自国外的理论被逐步加进了日本的城市理论之中。不过到了 20 世纪 60 年代，随着近代批判思潮的流行，城市理论出现了由单纯追随西洋的范本，向理想的城市就在日本的历史之中的转变。在当时成为话题的《建筑文化》1963 年 12 月刊——《日本的城市空间》特辑，和应用于各地聚落测绘的设计调查[1]，也起到了一定的推动作用。

---

1 设计调查：日本在 20 世纪 60 年代后半期至 70 年代期间时兴的城市与建筑的调查方法。与战前已经作为民居调查与考现学的调查手法确立的田野调查属于同一体系。对聚落全域的实测与图像化是该方法的特征。

新陈代谢派的建筑理论也是这一变迁中的重要一环。

黑川纪章同样在当时反复发表着"回归日本"的言论。例如,他的《城市设计》(1965年)与《行动建筑论》(1967年)等著作,巧妙地总结了当时的城市理论,同时推导出各式元素共存的城市这一后现代主义式的结论,并论述了如新陈代谢一样演化的城市的概念。为了与西洋的二元论推导出的广场抗衡,黑川提出了多元的东洋街道的概念,更否定了城市与农村的对立关系,表达了农村将变为城市的观点。

此外,《移动人类》(1969年)一书认为机动性是现代城市的特质,并指出日本人曾拥有马上民族的性格;《灰调的文化》(1977年)将不划分黑与白的习惯视为日式特征;《游牧时代》(1989年)在江户热的背景下,乘着时代的潮流记述了信息化时代曾在江户出现的观点。

《共生思想》(1987年)虽然是一部通过批判二元论形成的"回归日本"的理论著作,但它的矛盾之处在于,西洋或日本的设定本身就是二元论的结构。这种看似批判了二元对立的"回归日本"的理论,也与黑川以外的日本城市理论相通,并获得了它们的认可。

与出云大社碰撞出的全新形态

不过，同为新陈代谢派主要成员的菊竹清训，并没有在与西洋的比较中确定自己的相对立场，而是自发地将目光转向了传统建筑。他的主要著作《代谢建筑论》（1969年/2008年再版）这样讲道："创造新的形态，需要时刻以传统为基础，并在对传统的否定中进行。……我认为并不是传统形态孕育了新形态，而是传统精神给予了它相应的支持。"

1958年，菊竹首次到访出云大社，邂逅了感动人心的神社建筑。他为了重建在火灾中烧毁的附属设施，开始了对神社境内的出云大社厅舍（1963年）的设计。由于这个项目的成功，三十多岁的菊竹以异常年轻的年纪获得了日本建筑学会奖（作品奖）。

当时的《建筑杂志》刊登的评论文章，给出了"传统的神社建筑与全新的混凝土建筑造型间的巧妙调和，显示出设计者高超的水平"的高度评价。虽然佛教建筑在很早以前，就因防火需要引进了混凝土结构的附属设施，但神社建筑对木造的坚持依然执着。更何况出云大社这种具有历史渊源的建筑，一定给菊竹带来了更加沉重的压力。

不过，菊竹却认为，如果打算在神社附近建设的话，"就必须大胆且正确地运用不逊色于古代的现代技术，以完成表现现代的希望的建筑"。他首先将出云大社视作米仓的象征，以"稻挂"[1]——晾晒收割后的稻穗的独特地域风景——为主题，创造出一排倾斜的建筑构件相互倚靠支撑的建筑造型。

编辑矶达雄就出云大社厅舍指出：突出建筑外墙的柱子支撑长梁两端的形式，与神社建筑中的栋持柱[2]类似。[3]也就是说，菊竹没有采用对屋顶的直接模仿，而是从古代神社的结构与周围田园中的架构物中获得灵感，提炼出建筑的形式。

《代谢建筑论》一书认为，神道建筑"使用未经过加工的材料"，结果形成具有"单纯简素的表现与形态、贯彻单一素材主义的建筑"。建筑中不存在结构面、完成面与装饰面的区分，每一处既是结构框架，又是装修饰面，并同时满足美学表现。

这种解释虽然与现代主义的思考方式相同，却认识到了神道就像农业中以年为单位、周而复始的循环一样，拥有再生的思想，从而为新陈代谢派的理论增添了论据。不过，相对于代表传统建筑的伊势神宫与桂离宫展现出的纤细、优美、清秀，《代谢建筑论》讲述了豪快、朴素、雄大的出云

1　稻挂：将收割后打捆的稻穗倒挂在木制支架上晾晒的传统做法。

2　栋持柱：神明造建筑中，为了支撑穿山墙而出的屋脊大梁，于山墙外侧独立设置的柱子。

3　矶达雄、宫泽洋：《菊竹清训巡礼》，2012 年。——原注

清水寺

出云大社

出云大社厅舍（设计：菊竹清训，1963 年）

大社、严岛神社与清水寺等建筑代表的另一支系谱的存在，并关注了二者间的差异。伊势神宫与桂离宫都是建于各自时代的鼎盛期的建筑，属于前一支系谱。菊竹认为，当今的技术已成了为生活服务的手段，而巨大的建筑"出云大社才是朴素的技术时代的表象"。

新陈代谢派与日本型住宅

菊竹后来提出了"日本型住宅"的主张，并以"既不是对传统木造建筑中的和风的礼赞，也不是对形式的传承，而是全新发明的未来住宅"为目标。[1] 常怀进取之心的态度，

1　菊竹清训：《日式建筑的历史与未来》，1992 年。——原注

着实展现出前卫建筑师的风范。而他的历史观也颇为有趣：从 4 世纪的高床造 [1]、8 世纪的寝殿造 [2]、12 世纪的书院造、16 世纪的数寄屋造的历史进程来看，大概每过 400 年就会有更加广义且开放的形式出现，因此 20 世纪将会孕育出名为"自在造"的崭新形式。菊竹以开放性、模数（Module）的基准尺度、推拉门窗、起坡的屋顶、土墙、拆旧建新的体系、自由的增改建为例，解释日本型住宅的特征。并认为自己的代表作 Sky House、树状住宅与海上都市，正是对这种理论的尝试。

这些虽然与前述的二元论相近，不过与相信在人类以外存在理想化的神明、追求绝对的建筑与空间的欧洲相比，日本建筑拥有增建、改建与迁建的体系，以及令空间巧妙地适应人类生活的经验。一言以蔽之，可自由演化的日本体系，不同于形态交替更迭的欧洲体系。也就是说，进行着新陈代谢活动的新陈代谢建筑运动，实现了与传统的接驳。

虽然菊竹在他建筑生涯的最初阶段——25 岁至 30 岁，从 1953 年开始就在家乡久留米承接普利司通公司的工作，

1　高床造：对架空于地面的建筑形式的统称，与中国的干阑式建筑形态相近。其代表有弥生时代的米仓、古坟时代的豪族宅邸、出云大社本殿、东大寺的正仓院等。

2　寝殿造：平安时代至中世的贵族住宅样式，以寝殿作为建筑布局的中心。

但几乎都是像石桥文化会馆（1956 年）与永福寺幼儿园（1956 年）一样的、木造建筑的增建或改建项目。他在回忆当时的经验时说道："虽然还未达到'代谢'的水平，但光是'考虑如何利用原有物件'——再利用的方法，就需要相当多的创意呀。"[1]

菊竹还高度评价伊势神宫的拆旧建新的体系——每 20 年进行一次式年迁宫[2]，是重要的建筑理念。顺便一提，展览"建筑的精神：文献中的菊竹清训"（国立近现代建筑资料馆，2014—2015 年）展示了他在学生时代绘制的一幅颇为有趣的画作：一张画在世界和平纪念圣堂设计竞赛的透视草图背面的、形似伊势神宫的图纸。

菊竹在海外的演讲中谈到，自己因为不熟悉西洋建筑历史与现代建筑理论，才不得已将课题定为重组日本传统建筑的设计（《代谢建筑论》）。这与黑川纪章、桢文彦或矶崎新等人在知晓海外动向的基础上，以相对的立场探讨建筑理论的做法形成了对照。

1　内藤广：《著书解题》，2010 年。——原注
2　式年迁宫：特指伊势神宫定期举行的迁宫工程与迁宫仪式。迁宫时，包括内宫、外宫两座正殿在内的大小建筑，均会按照原样重新建造于其旁边的预留空地内，待举行仪式将供奉的神明由旧殿请至新殿后，再将旧建筑拆除形成空地，待下一次迁宫时使用。

Sky House 模型（设计：菊竹清训）

菊竹在泡沫经济时期的演讲中，将现代建筑划分为五个世代（玻璃、铁与混凝土，设备技术的革命，信息技术的革命，自动化，智能技术）。他认为技术与艺术齐头并进、经济与文化基础雄厚的"日本成为世界引领者"的一天终会到来。[1] 考虑到菊竹门下的伊东丰雄与 SANAA 等人后来在世界范围内的活跃表现，这实在是一番有趣的发言。

幕后推手川添登

在新陈代谢派成员们发掘日本传统空间的过程背后，

1　菊竹清训：《如何解读现代建筑》，1993 年。——原注

有着一个起到幕后推手作用的人物——以建筑杂志编辑的身份活跃，促成了20世纪50年代的传统论争和60年代的新陈代谢派建筑运动的川添登。他在令现代建筑的场景鲜活起来的同时，在半个世纪的时间里，投身于他的毕生事业——伊势神宫的相关工作之中。

以川添任编辑的《新建筑》1955年1月刊为例。这一期虽然介绍了丹下健三的自邸（1953年）——一座令人联想起高床式的桂离宫的建筑，但杂志内容的构成本身却更加有趣。卷首为《伊势神宫的内宫·正殿及宝殿》，紧接着是丹下的论文《如何从现代日本的角度理解近代建筑——为了传统的创造》，以及对其设计的自邸与清水市厅舍等作品的介绍。丹下似乎没有多少发表自邸的意愿，但很可能受到了川添的劝说，于是才有了传统建筑、住宅、公共设施这种在其他刊物中无法想象的篇目构成。丹下在文章中谈到，帕特农神庙、伊势神宫、法隆寺"因为它们的'美'而成了全人类共同的财富"，住宅建筑也与此同理。当时丹下对川添疼爱有加，还在川添的婚礼上任证婚人，并建议新人将新婚旅行的目的地定为伊势。川添在战前的毕业旅行中就已经到访过伊势，在他体验了人生第一次来自伊势神宫的感动之后，写下了最早的伊势神宫论著《民与神的栖所》（1960年），并将其出版。[1]

川添的著作《建筑与传统》（彰国社，1971年）就用了伊势神宫作为封面。书中将伊势的社殿形容为有延续生命之意的"日本的凤凰"，认为它或许映射了从战后的烧痕中涅槃的日本的身影。在到访伊势并直面外宫之时，川添对其产生了与人们常说的"清秀、端丽、明了"不同的印象。他言道："产生了原始、野性之物的印象。……那是扑面而来的、远超我想象的、粗野的感染力。……林林总总的社殿创造出的异样的空间，给我一种正在面对着原始部落中的大酋长宅邸的错觉。"与有关伊势神宫的现代主义性格的评价相比，川添诉说的是对顽强的生命力的心理反应。

接合传统与前卫

川添认为，伊势神宫的式年迁宫被新陈代谢派的主张继承。[2]他借用建筑师路易斯·康的词汇进一步解释到，伊势神宫在拆旧建新的过程中保持了"形式（Form）"（共通的"模子"）的恒定，又经过提炼成为现在的"形状（Shape）"（个体的"物型"）。

1　内藤广：《著书解题》，2010年。——原注
2　川添登：《木与水的建筑 伊势神宫》，2010年。——原注

川添不是一个只盯着过去的历史学家，而是将传统建筑与现代建筑的前卫性炫技般地接合的评论家。

在 1960 年的世界设计大会（World Design Conference）中登场的新陈代谢主义，至今仍是日本诞生的最著名的现代建筑理论。这也是自明治时期以来，不停追赶与模仿海外动向的日本建筑，第一次与世界建筑站在一起、引发共振的历史性瞬间。虽然从建筑史、建筑评论与建筑师达成统一战线的意义上讲，川添与希格弗莱德·吉迪恩有着相近的立场，但是与吉迪恩通过辩证地超越过去，为现代主义奠定历史地位的做法不同，川添通过与过去的精神联系，为新陈代谢主义提供了有力支持。

江川邸（《新建筑》1956 年 8 月刊封面）

第五章

民 众

1 传统论争

新建筑与古建筑

川添登活跃时期的《新建筑》，拥有今天难以想象的大胆内容与版面构成。

一方面，作为活跃的建筑讨论场所，刊登包括辛辣的批评与谩骂在内的各种思考；另一方面，作为介绍新建筑的媒体——就像它的名字所表达的含义一样，却通过以"传统"或"古典"为题的报道，在卷首持续介绍日本古建筑。

这一时期，丹下健三的广岛和平纪念资料馆（1955年）、旧东京都厅舍（1957年）与香川县厅舍（1958年）等建筑接连登场，令战后的新一代现代主义开花结果。而《新建筑》在同一版面中刊登新旧建筑照片的做法，巧妙地令二者建立起了联系，看来就算在讲述现代建筑的时候，也仍然对"什么是日本"的问题有着强烈的意识。接下来将从

《新建筑》中挑选一些具体事例。

《新建筑》1954 年 3 月刊的卷首，通过渡边义雄的照片对正仓院进行了介绍；1955 年 7 月刊的卷首是室生寺的五重塔；1956 年 1 月刊的封面与卷首，是建筑师岸田日出刀拍摄的京都御所；1957 年 4 月刊的封面是江户城的石垣，"古典"是石元泰博拍摄的修学院离宫的庭园。这些照片的拍摄者也都是响当当的人物。

作为卷首的内容还有：1956 年 3 月刊的如庵与孤篷庵、5 月刊的金阁、10 月刊的三十三间堂与 11 月刊的清水寺（封面为铜铎 [1]）；1957 年 1 月刊的法隆寺（同封面）与 2 月刊的西芳寺湘南亭。不过也不是只有照片类的介绍，例如：1956 年 2 月刊的卷首为飞云阁以及堀口舍己执笔的说明；1956 年 6 月刊的"古典"为日本庭园以及冈本太郎投稿的文章。除卷首外，还有 1957 年 5 月刊的东大寺南大门与 6 月刊的东大寺三月堂。1956 年 4 月刊的目录页中，也有五崮山民居的照片。另外在川添离任后，《新建筑》还有过 1958 年 1 月刊对春日大社的介绍、4 月刊对合掌造 [2] 的介绍，以及 5 月刊对东京武藏野中部的古民居的介绍。也

1　铜铎：日本弥生时代的钟形青铜器，被作为祭祀礼器使用。

2　合掌造：一种日本民居样式，以坡度陡峭的、由茅草覆盖的巨大悬山屋顶为特征。其代表有白川乡与五箇山的聚落群。

《新建筑》
左上：1954 年 3 月刊
右上：1956 年 1 月刊
右下：1957 年 4 月刊

就是说，《新建筑》曾广泛介绍了从日本建筑史经典到普通民居的各类建筑。

现代主义的登场多被解释为：通过切断过去的历史和使用新型结构与材料，创造应对近代化社会需求的新建筑。至少西洋的现代主义，曾具有与复古样式流行的 19 世纪割席的意义。不过，川添的用意在于提出现代主义是否已存在于日本建筑之中的疑问。

海外的日本趣味风潮

可以看出，与此同时还有海外向日本投来的炽热的目光。例如，安东宁·雷蒙德在 1953 年向美国的建筑杂志投稿了《日本建筑的精神》，书中谈到，虽然西洋文明对日本的影响是明确的，但是日本对西洋反向输出的情况却没有被搞清楚。[1] 另外芦原义信以 1954 年 9 月的罗马演讲为基础整理的《波及美国的日本建筑的影响》[2] 一文中谈到，西洋对日本传统建筑的关注正与日俱增，推拉门、模数（空间的尺度）、简素的表现、与自然的联系、平面布局的融会贯通等特性，尤其在美国受到好评。

1　安东宁·雷蒙德：《我与日本建筑》，1967 年。——原注
2　《新建筑》，1954 年 11 月刊。——原注

这篇论文中插入了伊姆斯夫妇自邸的照片，又称密斯为日本派。因为如果将密斯作品中的型钢替换为木材的话，可以发现它与轴组[1]结构构成的开放空间有相似之处。

理查德·哈格的论文《真理就在眼前》[2]，也关注了榻榻米的模数与通用空间（Universal Space），并有过如下观点："这种由过去的伟业积累的丰富传统被日本所拥有。如果那些设计师能够理解那些伟业，即其背后的刺激因素，哪怕将这些理解应用在当今大众的能力与愿望之上，日本也会在现代建筑与邻地规划领域占据特别重要的地位。"

这种观点，与同时期刊行的西川骁的《现代建筑的日本表现》（1957年）有共通之处。西川谈道："日本的美学特征为，单一的直线构成展现出与蒙德里安的平面构成，以及立体的面的组装（茶室）相同的表现力，又与近代建筑的支撑体（Skeleton）结构间存在偶然的类似与影响，并由此开始了日本古典建筑与近代建筑的接触。"他还在书中并排展示了一条院黑书院[3]与密斯设计的伊利诺伊理工学院的

1　轴组：又称"在来工法"。一种木结构建筑的构造做法，由简化后的日本古代的传统工法发展而来。与使用结构合成板材组成墙壁与楼板的"枠组壁"相比，由于以梁柱作为主要结构构件，在设计上具有较高的自由度。

2　《新建筑》，1955年2月刊。——原注

3　一条院黑书院：根据下页图片，此处指的应该是京都二条城内的二之丸御殿黑书院。

伊利诺伊理工学院校友纪念馆（设计：密斯·凡·德罗）

一条院黑书院

出自西川骁的《现代建筑的日本表现》（1957年）。排版将裁剪掉屋顶的一条院黑书院的照片放在左页，将密斯作品的照片放在右页，显示出近代建筑与日本传统建筑的相似性。

建筑照片。勒·柯布西耶在其著作《走向新建筑》中，通过并排摆放希腊的帕特农神庙与最新型汽车的照片，将二者的形象接驳，而密斯与日本以及《新建筑》的编辑，也使用了相同的手法。

在第二次世界大战终结、日美联系急速加强、信息互通的1954年，纽约现代美术馆（MoMA）对书院造进行实物展出，这成了当时的重大事件。建筑评论家刘易斯·芒福德将受到日本影响的弗兰克·劳埃德·赖特作为例证，大加赞赏了这座书院造建筑："日本人就'什么是美'的问题做出了一点证明，那就是美与后加在已经完成的建造物上的事物无关。"[1]另外一提，该设计的负责人是吉村顺三。

芦原义信在《大厦间绽放的花朵》（载《新建筑》）一文中提到，纽约的书院造建筑，在普通大众之间也形成了话题。芦原指出，"与其说这是吉村个人的荣誉，倒不如说是拥有漫长的木造建筑传统的全体日本人获得的荣誉"。不过芦原认为，其受到欢迎的原因在于空间的氛围，"有过一次亲身体验，某种意义上相当于日本建筑的学成"。今后，"在

1　刘易斯·芒福德：《向日本建筑学习》，载《新建筑》，1954年12月刊。——原注

纽约现代美术馆中的书院造建筑"松风庄"的实物展示，1954年（设计：吉村顺三）

技术层面也同样能够满足世界需求的现代住宅，没有必要再被所谓的日本调性束缚"。恐怕芦原对于建筑被廉价的异国趣味消费，或投机取巧地复制日本风格的行为横行的现象感到担忧。20世纪50年代，现代主义建筑师吉田铁郎的三部德语著作问世。它们是《日本的建筑》（1952年）、《日本的庭园》（1957年），以及1935年首版、1954年再版的《日本的住宅》。这些阐述建筑与自然的丰富关系的书籍，还被翻译成了英文版本。这或许是出于海外对介绍日本建筑的书籍的需求。

在这一时期，除 MoMa 的书院造建筑外，还有堀口舍己设计、大江宏监理的巴西圣保罗日本馆，吉田五十八设计的罗马日本文化会馆（1960 年），以及 1954 年格罗皮乌斯访日并召开名为《传统与现代建筑》的研讨会等与海外相关的话题性事件。另外，《新建筑》编辑部在 1956 年5 月刊中，就其刊登的威尼斯双年展日本馆的方案评论到，在日本受到欧美关注的背景之下，日本馆的设计建造计划正得其时。不过吉阪隆正在威尼斯的设计，被视为"彻底排斥日本特质"的设计。

不管怎样，日本的建筑界在体验着加入国际社会的真实感的同时，将世界的注意力牢牢地抓在了手中。

川添在《新建筑》1956 年 1 月刊的编后记中写到，依据"西洋建筑师的目光正聚焦于日本"的事实推断"今年将是日本建筑获得史上最高评价的一年"。他继续说道："在这样的国际时局之下，日本建筑师将对日本趣味的风潮做何反应，是历史留下的课题。日本建筑师如果能够沿着历史的必然道路去建造日本建筑，世界建筑的中心或许会变为日本。这是怀着一点辞旧迎新心情的我的新年愿望。"

也就是说，传统论不再是局限于日本国内的问题，虽然这显得有点野心勃勃，但世界的动向已经被纳入到了它的考虑范畴之中。实际上，当时的《新建筑》在每一期中刊登古建筑照片的做法，想来也有对杂志在海外的风评与销量的考量。

对日本特质的疑义

不过，建筑师与评论家也在当时就日本特质的问题表达了疑义。例如，浜口隆一在《数寄屋建筑——某建筑评论家的告白》[1] 中，通过以下轶事吐露了对和风的复杂感情。

在海外版杂志的编辑会议上，浜口以堀口舍己设计的八胜馆是对近代化的反动为由，反对相关内容的刊登，不过彼得·布莱克[2] 等人以该建筑颇具魅力为说辞强行通过了决议。另外清家清在 20 世纪 50 年代设计的森博士之家与齐藤助教授之家等建筑——在具有灵活性的一居室中设有纸拉门与可移动的榻榻米座面的缘台[3]，被称为"新日本调性"的现代住宅——的登场，再次使他受到了打击。

池边阳也就日本特质进行了批判性的论述。他在《新建筑》（1955 年 6 月刊）的论文中说到，达到时代最高造物

1　《新建筑》，1955 年 6 月刊。——原注
2　彼得·布莱克：美国建筑评论家。
3　缘台：摆放于个人住宅的庭院中的长凳。在没有檐廊的住宅中，也作为檐廊的替代物使用。

水平的古建筑固然优秀，却不能从现代和风建筑中感受到它的魅力。而圣保罗的日本馆，给人一种"彻底无视"存在于日本社会之中的"当下时代的疾苦、如同美丽的亡灵一般的感觉"。池边认为，因为要向外国介绍日本，所以"这样不是挺好的吗"的想法，不过是一种殖民地根性的体现。

顺便一提，筱原一男从20世纪50年代开始发表思辨的日本建筑理论，并将它们汇总在后来的《住宅论》（1970年）等著作之中。他以孤高的态度看待住宅的产业化与城市设计等流行论题，曾有过"民居即蘑菇"[1]的指摘。他在一心一意地持续反思自身言论的同时，重新对日本建筑进行了解释，并在白之家（1966年）与唐伞之家（1961年）等作品中，向着以几何学的、极小化的造型，追求象征性的空间的住宅设计升华。

落地的国民设计

池边在承认"日式设计"已进入佳境的同时，也指出建筑师由于来自世界的支持而心安理得地停止思考的做法无异于自杀。[2]因此，"我们现在必须掌握的是，存在于民众

---

1 "民居即蘑菇"：筱原一男认为，应将民居形态的形成理解为无意识的、接近自然现象的结果。

2 《新建筑》，1955年2月刊。——原注

与生活中的日本传统。除此之外的传统探索，总是局限于对素材的找寻之中。"不过他也指出，书院造中的上流社会的生活方式，巧妙地构成了风土的独创与民众的传统，因此桂离宫同样具有关注的价值。

池边还提到，在与生产关联的动态事物之中，可以感受到民众的存在。有趣的是"民众"这一关键词的出现。今和次郎的考现学[1]文章《民众与建筑》[2]，也表达了对日本特质的疑义。他谈到，平安时代的贵族世界时常被当作日本特质参照，但民众的想法却不是这样，他们喜爱的是近代的事物。这一期的《新建筑》在刊登以上言论的同时，使用了奈良的民居作为封面。

幕后推动这一连串议论展开之人，果然还是编辑川添。来看一下当时带有挑衅意味的策划——《新建筑》1955年6月刊的《和风建筑》特辑。这里的"和风建筑"指的是像料亭[3]一样的建筑。它们既不是知名建筑师的设计，也不是传统与现代的融合。

川添在编后记中这样说道："我们改变了这一期的趣向，

1　考现学：今和次郎于 1927 年提倡的学科。相对于研究古代遗迹、遗物的考古学，以现代风俗与现代世态为研究对象。

2　《新建筑》，1955 年 2 月刊。——原注

3　料亭：提供日本料理的高级餐饮店，具有传统的日式建筑与庭园样式。

《新建筑》

左：1955 年 2 月刊

右：1955 年 6 月刊《和风建筑》特辑

策划了'和风建筑'特辑。被进步的、特别是年轻的各位斥为'反动'的建筑，正如你们在本期中看到的一样。"这是一次蓄谋已久的策划。川添认为这期特辑中存在许多应被否定的内容，同时指出了这些都是日本建筑师必须翻越的峻岭。

川添说到，为了使日本的国民设计成为落地的设计，首先应该吸取和风建筑中的优质营养。正是因为直到现在也没有对它的彻底研究与思考，才导致了投机取巧的和风现代（Japanese Modern）在今天的泛滥。他为了明确讨论的对象，大胆地策划了和风建筑特辑。在他看来，只有越过这道险阻之后，才能在保持传统意识的同时，确立广受世界好评的日本现代主义建筑。

2 绳文之物——"民众"的发现

为何会产生日本风潮

池边阳在《如何进行日式设计》[1]一文中，总结了导致上述情况出现的六个背景因素。其作为一名建筑师，虽然在战前有过倾心于日式纪念主义的时期，但在战后受到了马克思主义的影响，并在20世纪50年代设计了基于理性思考的立体最小限住宅。

池边总结的六个因素为：

其一，近代建筑遭遇瓶颈后，展开的对近人空间的全新摸索。

其二，这种倾向导致的面向全世界建筑师大肆宣传日本古建筑的行为。

---

1 《新建筑》，1955 年 2 月刊。——原注

其三，发展中国家的发展与随之出现的民族主义倾向的抬头。例如，墨西哥的胡安·奥戈尔曼受壁画运动[1]的影响，在墨西哥国立自治大学的大学城校区中，绘制了基于民族主义题材的、具有强烈设计感的巨幅壁画。

其四，苏联的社会主义现实主义[2]立场的民族建筑样式，以及出于对其社会组织的共情，尝试确立日式设计的倾向。当时，苏联否定在本国诞生的、前卫的俄国构成主义，将以古典主义为基调的样式作为民众的建筑推广。

其五，战后曾一度销声匿迹的反叛倾向的复活。日本战败后，形成了否定与民族主义时代共振的帝冠样式与国策和风酒店的氛围，转而开拓了一条无国籍形象的现代主义的道路。但是也出现了针对这种发展的摇摆与倒退。

其六，战后盛行的解决社会、政治问题的设计遭遇瓶颈，日式设计再次受到关注。

池边的以上观点紧盯世界的动向，并对其做出了高水平的总结，然而却遭到了来自前川国男、丹下健三与清家

---

1 壁画运动（Mexican Muralism Movement）：于 20 世纪 20 年代至 30 年代的墨西哥革命时期兴起的绘画运动。以向民众传达革命的意义与墨西哥人的身份认同为目的，选取了任何人在任何时间都可以观赏的壁画作为主要媒体。

2 社会主义现实主义（Socialist Realism）：1925 年后的苏联艺术。其风格为赞美国家，歌唱体力劳动，着重表现苏联的文化与科技成就。

清等人的反驳。[1] 这也充分显示出学术讨论在当时建筑界的活跃程度。1955 年 12 月，主题为《如何克服传统》的座谈会在国际文化会馆召开，丹下健三、池边阳、大高正人、吉村顺三与康拉德·瓦克斯曼等评论家到场。

战后 "民众" 的登场

"民众" 算得上是当时社会的关键词之一。例如，日本国营铁路在战后的重建中，为吸引用于车站建设的外部资金，设立了 "民众站" 的制度。战时被强行贴上 "国民" 标签的人们迎来了崭新的时代，成了讴歌自由的 "民众"。

这一词汇也出现在了建筑师的语言之中。例如，在国会图书馆的设计竞赛中赢得第一佳作奖的丹下，将自己的作品解释为 "献给传统的近代化与民众的方案"[2]。现代社会恐怕会用 "消费者" 一词表达其含义，而在当时，普遍存在民众是公共设施的主角的认知。

丹下曾这样说道："建筑师不应局限于与民众的近距离接触，还需要用专业的知识、技术与创造力回应民众的潜力与期望，并向其呈现具体的画面。"[3] "建筑师可以通过向民

---

1 《新建筑》，1955 年 2 月刊。——原注
2 《新建筑》，1954 年 9 月刊。——原注
3 《建筑家论》(1956 年)，载《人与建筑》，1970 年收录。——原注

众提交现实矛盾——民众与建筑的联系方面的矛盾——的具体解决思路，使民众蕴藏的能量向着具体化与现实化的方向转变。"

这种倾向，令关于桂离宫的评价产生了变化。战前，布鲁诺·陶特到访日本，对日本建筑中的现代主义性格大加赞赏之时，将简洁的伊势神宫与桂离宫视为天皇的系谱，将过度装饰的日光东照宫作为对立面归类为将军的系谱。也就是说，他的评价是与政治的意识形态重叠的，或者说是从神道或佛教的宗教脉络出发的理解。与这些相对的是，受到传统论争影响的桂离宫，不再是只属于天皇的财产，它开始作为包含民众感受的空间，逐渐获得高度评价。民众的登场，与社会的阶层产生了关联。

丹下在论文《现代建筑的创造与日本建筑的传统》[1]中指出，住宅的系谱存在两条源流，一条是竖穴式住宅[2]，另一条是高床式的悬山屋顶的住宅。前者在下层的农民阶层、后者在上层的贵族阶层中得到发展。丹下的历史观如下：伊势神宫的正殿是对高床式的神格化的体现，它具有朴素且有力的特点，其样式虽然简洁却是高规制的建筑。在由伊

---

1 《新建筑》，1956年3月刊。——原注
2 竖穴式住宅：在地面挖出圆坑或方坑，坑中竖起多根柱子，并与梁和椽子结合形成框架，在其上方覆盖由泥土与芦苇等植物做成的屋顶的建筑。

势神宫衍生出的寝殿造与书院造建筑之中，日本建筑的开放性得到了发扬。另一方面，由竖穴式住宅衍生出的农家与町屋[1]，则是闭塞的建筑。而数寄屋造被夹在了二者之间，桂离宫则位于所有历史系谱的交汇点上。

"这里包含了泛灵论[2]的神性、悲天悯人之情、风雅、'佗'所表达的所有象征性，同时具有生活的能量与智慧孕育出的、健康的朴素感，并且萦绕着'寂'的性格。"

另外在同一期中，还有建筑史学家太田博太郎投稿的论文《古典建筑遗产与史学家的立场：桂离宫风潮的思考》，也印证了以上观点。太田认为，桂离宫的历史意义在于，提纯后的庶民建筑中的表现，在贵族住宅中的应用。这也与丹下的论点相似。作为丹下在东京大学的同事，太田或许对丹下产生了一定的影响。

此外，太田还苦言相劝到，对古建筑的礼赞可能不过是一次寻找设计捷径的行动。因为昭和初期追捧茶室的时候，也同样止步于对表层的模仿，并未探求其背后的历史意

1　农家与町屋：日本传统民居的两个主要类型。农家以拥有素土地面房间的田字形平面为特征，是居住于乡间的农业生产者的住宅形式。町屋具有大进深、小面宽的特征，是居住于城市的市民及工商业者的住宅形式。
2　泛灵论（Animism）：又名万物有灵论。主张一切物体都具有生命、感觉和思维能力的哲学学说。

义。所以有必要对各式建筑所处的时代背景进行思考，从而发现真正的"民众"。

白井晟一与绳文之物

集中推动传统论的发展、煽动言论沸腾的《新建筑》，在 1956 年 8 月刊中达成所愿。这一期的封面与卷首为中世的民居，也就是江川邸的照片。照片出自白井晟一投稿的、极为著名的论文《绳文之物：关于江川氏旧韭山馆》。白井关于这座与桂离宫和伊势神宫——时常被传统论作为参照的建筑——迥异的异形建筑，有着以下描写：

"就像茅山[1]来到眼前一样广漠的屋顶，和从大地中生长出的巨木的柱群；如同倾泻的洪水一般粗野的梁与柱的缠斗，和它们笼罩之下的、形似大洞窟的空间。它们都是豪迈跌宕的事物。这不是结冻的熏香，而是强健的流浪武士的体臭；没有优雅的衣摆摩擦之音，而是暗藏的战马铁蹄之声。不存在纤细、闲雅的状态。……收获视觉共鸣的美学创作，寻遍其他各处角落都无法获得。"

这篇论文，也给了令杂志版面热闹非凡的传统论一记

---

1 茅山：茅山贝冢。在神奈川县横须贺市佐原地区发现的绳文时代早期的贝冢。

江川邸主屋　　　　　　　　　江川邸主屋内部

重击。白井谈到，"日本对自身传统的探索从一开始就存在严重的方向性问题"，注意力在不知不觉中偏向了形象感强烈的弥生的系谱。他在很长一段时间内，试图从绳文与弥生的纠葛中捕捉日本文化的侧影，将它们定位为类似于希腊文化中的狄俄尼索斯与阿波罗[1]的存在，并做出了"绳文·弥生的宿命的反合[2]，令民族文化得到了发展"的论述。

　　这里提出的是，于政治与宗教的意识形态之前出现的、

1　狄俄尼索斯与阿波罗：古希腊神话中的酒神与日神。尼采在其哲学著作《悲剧的诞生》中，提出了酒神精神（狂热、不稳定的）与日神精神（理性、秩序的）的二元对立的美学思想。

2　反合：指黑格尔的正反合理论中的反题与合题。黑格尔认为，一切发展过程都可分为三个有机联系的阶段：第一，发展的起点，原始的同一（潜藏着它的对立面），即正题；第二，对立面的显现或分化，即反题；第三，正反二者的统一，即合题。正题被反题否定，反题又被合题否定。但合题不是简单的否定，而是否定之否定或扬弃。合题把正反两个阶段的某些特点或积极因素在新的或更高的层面上统一起来。

最为原始的绳文与弥生的概念。白井认为，日本趣味的源泉无非是"城市贵族的书院建筑，或农商业者的民居"。然而，江川氏旧韭山馆并不属于他们中的任何一类。

这个空间也与生活的智慧无关。它是散发着"远离文化香氛的生活的原始性"的武士宅邸。"我从很早以前就对这座建筑——武士气魄的化身，可感受到潜在的绳文能量的珍贵遗构——的荒废感到惋惜。"白井还说道："民族的文化精神虽然存在兴衰，但始终蕴藏着无声的绳文能量，在思考如何才能将它继承的过程中，隐藏着今后的日式创造的重要契机。"

丹下在吸收从西欧传入的现代主义的同时，保持着对场所——日本——的意识，并将其与传统论接驳。而白井选择了与丹下不同的立场，二人的设计也存在本质上的不同。不过这些最终都指向了同一个词语——"绳文"。

话虽如此，这却并不是"绳文"概念在传统论中的首次登场。在此之前，冈本太郎已经受了来自绳文土器的冲击，并试图通过民众的力量，推翻纤细、柔弱的传统论。不过，白井并没有谈及绳文土器，而是阐述了更抽象的"绳文之物"的概念。有关冈本的内容，将在下一章中详细讨论。

民众是真正的业主

实际上川添在《绳文之物》问世前的一期杂志，即《新建筑》1956 年 7 月刊中，以岩田知天的笔名发表了应被称为《绳文之物》预告篇的、讲述白井理论的文章——《以传统与民众的发现为目标》。他在文中谈及位于松井田的政府官厅的同时，指出了近代建筑是为民众服务的建筑。其原因在于，民众才是真正的业主。

他谈到，丹下在感受到传统建筑的封建意识形态与近代建筑的民主主义之间的矛盾时，坚持传统与精神思想无关的思路，最终"领悟了不能只从'型'中发现传统……必须向'生活的智慧'中寻找答案的道理"。而白井比丹下更早认识到了这一点。他从传统中发现了禅的哲理，又从包袱皮与筷子中找到了功能的典型。白井反对一直以来被称作日式的事物。例如，他对融入自然的住宅提出异议，否定檐廊的价值，在设计中使用墙壁与外部空间直接对峙。

川添做出了以下结论："白井晟一的斗争对象是世界主义 [1] 化的国际建筑，和资产阶级民族主义化的和风现代（Japanese Modern）建筑。他试图以现代史或世界史的立场

1　世界主义（cosmopolitanism）：认为全人类同属于一个精神共同体的思想，具有超越国家、地区、种族、信仰等差异，统合全体人类与全体国家，建立世界国家的倾向。

重新认识'传统'，从而将传统从民族的束缚中解放出来，以应对现代的危机。他最终完成了对传统的超越，为了让民众以更现代的方式活在当下而继续努力。"也就是说，川添为了相对化丹下的传统论，而为另一位主角——白井——的登场做着准备。当然，丹下的桂离宫理论是将绳文时代的竖穴式住宅与弥生时代出现的高床式住宅关联后的产物，而白井口中的"绳文之物"有着强有力的造型，其昏暗的内部空间也与明亮通透的弥生现代主义不同。这一概念也对弥生派的丹下的设计产生了影响。

这曾是一个由《新建筑》引领传统论言说的时代。这个时代也与川添从 1953 年开始的、为期四年的《新建筑》履职时期重合。然而到了 1957 年，杂志对村野藤吾的读卖会馆·崇光百货的报道方式，令杂志社的领导开始意识到问题，并解雇了包括主编川添在内的全体编辑。这就是打击了建筑报道的崇光事件 [1]。充满野心的编辑的离去，标志着一个时代的终结。

1　崇光事件：又称新建筑问题。由于《新建筑》1957 年 8 月刊中，刊登了针对村野藤吾的读卖会馆（因崇光百货入驻，又称崇光百货有乐町店）的批评报道，导致当时的社长吉冈五郎解雇了全体编辑部成员。

真美花艺会馆（照片提供：冈本太郎纪念馆）

第六章

冈本太郎

1 给近代的一击——瓦解僵化的传统论

绳文土器的发现

就在传统论的讨论呈白热化之际，白井晟一的《绳文之物》登上了历史舞台。不过，最早关注绳文概念的并不是建筑界。冈本太郎在 1952 年就已经发表了《绳文土器论——与四次元的对话》，并引发了社会反响。这是他在 1951 年——正值他 40 岁之际，偶然于上野的东京国立博物馆中"发现"绳文土器、受到冲击后执笔的论文。这篇论文的起笔如下："如果不做好心理准备，无论是谁都会被绳文土器粗野的、不协调的形态与纹样吓到。特别是鼎盛期的中期土器，其惊世骇俗之处无法用言语形容。"[1]"它是与通常理解的平和、优美的日本传统迥异的对立面。"冈本认为，与平面感强烈

1　冈本太郎：《与传统的对决》，2011 年。——原注

的、沉溺于对称的形式主义的、农耕生活的弥生式土器相比，狩猎期的绳文式土器拥有粗野的、破调[1]的感染力，并包含空间的特性。

冈本将这篇论文收录于《日本的传统》（1956年）一书时，使用了他亲自拍摄的土器照片——这是一次如此执着的"发现"。书中对评论家们观念上的传统论进行了批判，并表示"如果我们可以讨论绳文土器中原始的健硕与纯粹，唤醒并重拾当下不断转瞬即逝的人类的原始热情，那么这些将在新日本传统中以更加果敢奔放的姿态得到继承"。冈本虽然对"近代日本自作聪明的、单调的情绪主义"[2]的孱弱感到失望，但在谈论绳文土器时，"仍记得体内翻江倒海般的感觉，和无以言表的快感在血管中流窜、旺盛的精力喷涌而出的感觉"。

这是一部反对一般意义上的传统论的书籍。冈本认为，绳文之物与弥生之物相比，更加具有与林立着立体的高层建筑的现代城市相符的动感。他对"传统"的讨论也是一样，"打破古老形骸的行为，反而会成为促使其内容——人类的

---

1 破调：按规定的音节数写成的短歌、俳句等定型诗被称为正调。打破固定节奏韵律的、多音或少音的变体被称为破调。

2 情绪主义（Emotivism）：又称情绪论。元伦理学的一种观点，主张道德的判断不在于事实陈述而在于说话者或作者的情绪表达。

生命力与可能性——强烈释放与发扬的原动力。这一词汇将被用来表达极其革命性的含义。"[1] 书中令良识派不禁皱眉的"就算法隆寺烧了也无所谓"与"自己成为法隆寺就好了"[2]等名言，也是冈本独有的刺激性的政治宣言。

　　冈本于 1929 年远渡法国，并在巴黎生活了十年时间。他在当地与前卫艺术家及知识分子进行交流，并受到了毕加索与超现实主义（Surrealism）的影响，后又于 1938 年在马塞尔·莫斯[3]门下学习民族学。就这样，冈本在异国培养了自己的正统美术史的学识，以及不同于欧洲中心主义的美学思考。然而，当他于 1940 年乘船回国的时候，却对等待他的日本的状况感到绝望。不仅艺术落后于时代，就连空有其表的京都与受中国大陆文化影响的奈良"传统"，也是寡然无味。"满怀期待地与日本的过去和现实相遇。不过到处都是卑微、昏暗、肤浅、趣味的事物，着实令人感

1　冈本太郎：《日本的传统》，1956 年。——原注

2　1950 年，法隆寺金堂落架大修的过程中，其壁画因火灾事故烧毁。当时并没有太大知名度的法隆寺因此声名大噪，民众竟相前往参观。知识阶层对于大众的轻浮态度与庸俗趣味曾"感叹其教养之低下"。冈本太郎对于知识阶层的这种高高在上的态度持批判意见，认为只是感叹的话没有任何意义，有比感叹文物被烧或感叹大众的无动于衷更紧要的、本质性的问题等待解决。于是有了这两句名言。

3　马塞尔·莫斯：法国人类学家、社会学家、民族学家。

冈本太郎的《日本的传统》封面

到失望。"就在这个时候,冈本与绳文土器不期而遇。[1]

美术与建筑的联系

想来,建筑界不可能错过冈本的言论。例如,《新建筑》就收到过来自冈本的投稿,还在 1956 年 11 月刊中刊登了关于其著作《日本的传统》的书评。神代雄一郎指出,到了这个阶段,传统论的话语权已彻底从历史学家与评论家

---

1 《何为传统》,载冈本太郎:《与传统的对决》。——原注

手中，落入了艺术家的手里。

建筑史学家伊藤延男的论文《传统论与传统》认为，绳文与弥生之间并没有那么大的差别，所以冈本与丹下对绳文的评价存在夸大的嫌疑。[1]他还谈到，如果当作创作灵感说说也就罢了，但是应当谨慎地看待将江户时代后的民居与原始时代联系起来的做法。此外，出于对合理性的现代主义的不安，为解放人类的生命感，向历史寻求荒唐、粗野的元素的行为，以及战后出现的释放民众的能量、思考民众的传统的局面，是传统论盛行的时代背景。

冈本与建筑界的联系还不止于此。他在 20 世纪 50 年代至 60 年代期间，经历了多个与建筑师合作完成的项目：他在丹下健三的旧东京都厅舍（1957 年）中制作了陶板壁画；他的名字也同丹下与清家清等人的名字一起，出现在了 1953 年成立的国际设计委员会（现为日本设计委员会）的创始人名单之中；他的自邸（1954 年）由坂仓准三设计（具体负责人为村田丰）；他的母亲可能子的文学纪念碑的基座，由丹下设计；1964 年的冈本太郎展的会场规划由丹下研究室负责；他的"发光的雕刻·诞生"被悬挂在了黑川纪章的寒河江市厅舍（1967 年）中央的挑空位置。

---

1 《新建筑》，1956 年 12 月刊。——原注

安装于寒河江市厅舍（1967年）的挑空空间中的"发光的雕刻·诞生"

冈本更是亲手设计了一座怪兽般的建筑——真美花艺会馆（1968年）。黑川等人也在这个项目中提供了结构与设计方面的建议。[1]

当时，除冈本之外，还有香川县厅舍中的猪熊弦一郎的壁画，草月会馆屋顶的敕使河原苍风的摆件，以及庆应

1　江川拓未：《从真美花艺会馆看冈本太郎的建筑倾向与实践》，2012年度硕士论文。——原注

大学万来舍中的谷口吉郎与野口勇等艺术与建筑的跨界合作尝试。神代雄一郎评价道："为了恢复冰冷的功能主义建筑的人性，开始将艺术作为饰品导入建筑的倾向，终于令建筑师与艺术家在同一件艺术作品（建筑）中对决，向着激发出强烈的张力与效果的方向成长。"[1] 说出这番话的神代，也在 1963 年与雕刻家流政之一起成立了赞岐民具联合会，开展了从香川县的传统工艺出发，创作全新造型的运动。流政之从创作东京文化会馆的内墙与纽约世博会（1964—1965 年）日本馆的外墙开始，就一直保持着与前川国男事务所的合作关系。他还在芦原义信设计的香川县立图书馆中，指导了制作前庭的石垣的匠人团队。

冈本对古建筑也有所涉猎。他在向《建筑文化》投稿的《传统与现代造型》（1957 年）中批评到，虽然桂离宫与伊势神宫等古建筑的发现，都是得益于海外的眼光，但也不要稀里糊涂地对日本主义[2]沾沾自喜（《与传统的对决》）。在他看来，传统终究不是对形式的发现，而是对民族的生命力的发现。

接下来介绍一下冈本的建筑观。他认为伊势神宫虽然

1　神代雄一郎：《现代建筑与艺术》，1958 年。——原注
2　日本主义：于 19 世纪后半期的欧洲流行的日本趣味，体现在对日本美术（浮世绘、工艺品等）的审美崇拜。

是"曾经的'大日本帝国'的精神支柱",却也不一定是神圣的所在(《何为传统》)。因为就算实地走访,也几乎看不到被层层围墙包围着的建筑。通过拒人于门外的方式保持的神圣感,给人一种"官僚的形式主义"的感受。他还在题为《传统论争》(1956年)的对谈中说道:"因为桂离宫实在是太无聊了,所以完全没有写下关于它的内容。"(《与传统的对决》)。冈本表示,桂离宫的建筑相比庭园还算说得过去,同时也特别指出,如果拍成照片的话,"步石的码放方式的愚蠢程度"将一览无遗。顺便一提,石元泰博在1953年从美国归来后不久,就与吉村顺三一道前往桂离宫进行了拍摄。而他通过与格罗皮乌斯及丹下共著的形式,展示了以现代主义的视点截取的崭新影像的《桂KATSURA:日本建筑中的传统与创造》,则是在1960年出版发行的。

日本的地方与民众

冈本太郎也同样有着关于"民众"的思考。他曾这样说道:"民众是鲜活的。我在遍访地方之时,被他们尚不自知的、埋藏于生活的最底层的能量所惊叹。它是孱弱、素雅、纤细的,称为日式的事物的对立面。厚重的健硕感与原色的激情经久不衰。它通过与日本土壤的碰撞,首次作为一种实物或回馈被人们察觉。"[1]

鲜活的能量也与绳文的概念联动。值得注意的是，意识受到了名为"地方"的场所的吸引。也就是说，这是对只有京都的古美术与古建筑受到特别称赞的现实的反抗。冈本也确实在《日本再发现》（1958 年）与《冲绳文化论》（1972年）等著作中，发表了他寻访日本各地的田野调查的成果。

冈本在汇总了《艺术新潮》中的连载内容的《日本再发现——艺术风土记》（1958 年）一书中，记录了他在走访秋田、长崎、京都、出云、岩手、大阪、四国等地时的旅途印象。纵览卷首的照片，会发现《穿毛毯披肩的女人》《建造雪洞的少女》《生剥鬼节的年轻人》等秋田地区的影像尤其鲜明炽烈。

该书针对传统与近代主义的二元对立，主张将地方的现实狠狠地扔到世人面前。"我发现了心中暗自期待的、苦苦探寻的东西——民族独有的明朗健硕的美丽景致与民众的能量。"那是相比起所谓的日本之美、贵族文化不同的性质，是"远比其厚重的、带有泥土味的、生活的事物。它们之中不存在传说中的日式的巧妙"。另外，京都"是被昔日的梦境封印的世界，'古都的法术'对我等旅人没有影响，

---

1 《谨答》（1963 年），载冈本太郎：《向着日本的最深处》，2011 年。——原注

却令这个城市中的人们窒息。他们才是必须被解放的对象"。

建筑界也在 20 世纪 60 年代至 70 年代兴起了被称为设计调查的运动。这是以法政大学的宫脇檀研究室(马笼、金比罗等地区)与明治大学的神代雄一郎研究室(女木岛、冲之岛等地区)为嚆矢,建筑学科的教员与学生投身地方,对聚落全貌进行实测与图面化的作业。残留于日本各地的空间结构,在高度经济成长期成了研究的对象。

伯纳德·鲁道夫斯基将 1964 年的纽约现代美术馆展览汇编成的《没有建筑师的建筑》(1964 年),可以说是这种时代背景的一个诱因。这本书伴随着令人惊奇的建筑形态,介绍了世界各地的乡土建筑,同时作为划一的现代主义的替代方案引起了轰动。还有传奇的《建筑文化》1963 年 12 月刊——《日本的都市空间》特辑,也引发了针对各地街市景象的调查热潮。50 年代的传统论,进入了一个新的探索阶段。顺便一提,以追求西洋形象为初衷的宝冢歌剧团,也在 1958 年创立了乡土艺能研究会,对日本各地的祭典进行调查、取材,并将成果呈现于舞台。

冈本在 1972 年,即冲绳回归日本的那一年,出版了《冲绳文化论——被遗忘的日本》。他在书中的结语处批判地写到,虽然"我们正试图向世界宣扬日本的文化,赞美东洋的传统",但这种二元对立——对西洋文化的反叛——的"空虚"，实在让人无奈。"难道不应该对天然的肌理、真切的感动多一点信心，将它们推向世界吗？我想表达一个极端的论调，那就是这种总括了冲绳·日本的文化，并不是东洋的文化。"

冈本认为，将法隆寺与佛像视为中国文化遗产的传统观，不过是官僚与学者在明治时代为了对抗希腊、罗马的传统而提出的学院派理论。文化到底是什么？"只有民众的生活是它生存的土壤。"因此本书中有着许多关于市场、舞蹈、宗教等富有生活气息的描写。与美术类书籍相比，这本书更接近民族学的范畴。日本的知识分子摆出一副扭曲的姿态，"这种怯懦也体现在了'侘与寂'的美学之中"[1]。而冲绳正是颠覆冈本所厌恶的、僵化的传统思考的场所。

在这之后，象设计集团通过冲绳的今归仁村中央公民馆（1975 年）与名护市厅舍（1981 年）等建筑，借助红砖、

---

1 冈本太郎认为，禅与佛教中的空的教义与虚无的哲学，是以中国大陆厚重的文化为背景，膨大的人类的物的积累为前提形成的，而这些在日本却被知识阶层与贵族独占与传承。他们没有正视现实的勇气，也没有忠实地将其再现，而是以一种"欲求不满"的趣味，将其演化为物质极度贫乏的状态下的"侘与寂"的美学，并使人误以为这就是被日本共有的传统。实际上，这种美学在平民阶层中找不到任何体现，甚至连佛教也没能在冲绳扎根。

名护市厅舍（设计：象设计集团）

风狮爷[1]等多样的装饰，产生光影效果的空间，以及不依赖空调的自然风道等强烈的土著表现登场。即便有着后现代主义的时代背景，这些异形的设计也令日本人明显感受到了特殊的地域性，连一元化的"日本"传统论的结构也被它一并瓦解。

1　风狮爷：又称风狮、石狮爷、石狮公。闽南、粤东、台湾安平、琉球群岛等地设置在建筑物的门或屋顶等处的狮子像。

2 怪诞的建筑

名为真美花艺会馆的怪兽

冈本太郎从巴黎回国后被征召入伍，经历了四年的行伍生活与一年的战俘营生活。战后，冈本与绳文土器邂逅，其作品也受到了影响。例如，强烈卷曲的曲线、尖锐的造型与旋转的动态构成等。这种倾向体现在《吸烟者》（1951年）、《风神》（1961年）、《盛装的战士》（1962年）、《面孔Ⅲ》（1968年）、《流淌的梦境》（1975年）等绘画，以及《战士》（1970年）、《纪念摄影》（1975年）、《绳文人》（1982年）等室外雕塑之中。

冈本更是设计了名为真美花艺会馆（1968年）的建筑。遗憾的是，该建筑在2001年被拆除，现已不存于世。这是一件像是拒绝在建筑历史中获得一席之地的异形设计。实际上，在回顾20世纪的日本建筑的书籍与策划之中，也确实没有任何提及这座建筑的事例。

那么，这是一件怎样的作品呢？首先，建筑整体几乎全部由经常出现在冈本的绘画中的自由曲线构成。建筑的中轴是一座绵软的、如巨大的犄角一般的蓝色高塔（内部为螺旋楼梯）。根部隆起的形似白色骨骼的体量（内部为楼梯等功能），像是要将高塔撑起一般，从建筑的两侧伸出并斜插在地面之上。可以说，这是一座双手下垂的太阳之塔。被这一构成环抱托起的是，张开了大嘴的圆弧状的体量（教室与制作室等）。因为花艺学校的关系，向上翘起的屋顶将花冠的形象引入到了造型之中。

真美花艺会馆给人一种生物的印象。例如，撑起架空层的柱子造型，令人直接联想到人类的双腿。实际上，根据江川拓未的考证，冈本曾说过因为是女性聚集的场所，所以故意以萝卜腿的造型示人。他还亲自将这座建筑比喻为"张开大口，露出牙齿，正要迈开双腿的建筑"[1]。新闻报道也打出了"长着犄角的建筑"的标题，并评论它有着"怪兽"一样的外形。

这是与现代主义和后现代主义的语汇完全不同的存在。对不进行具象的建筑表现的一方而言，是一件不知如何对待的作品。它在作为社会意义上的建筑存在的同时，也成为了以抽象的几何学为基础的建筑的对极。笔者也觉得它与建筑相比，更像是《新世纪福音战士》[2]中登场的神秘敌人——使徒。

1　江川拓未：《从真美花艺会馆看冈本太郎的建筑倾向与实践》，2012 年度硕士论文。——原注

2　《新世纪福音战士》：由庵野秀明指导的电视动画作品。其主线剧情讲述了少年、少女操纵巨大的人形兵器，与神秘敌人"使徒"战斗的故事。

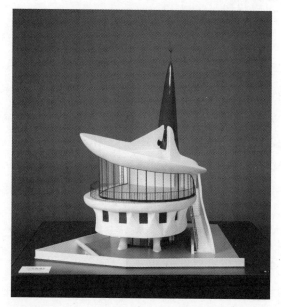

真美花艺会馆模型，其下部有着双腿一样的造型（照片提供：冈本太郎纪念馆）

从内侧打破建筑

20 世纪中叶，具有象征性的结构表现主义受到了关注。相对于这些强调结构合理性的建筑，冈本首先会按照雕塑的手法确定建筑的形态，然后再对其进行结构的论证。另外，从草图、图纸、石膏模型、日志等资料中探讨真美花艺会馆的设计流程的江川认为，该建筑也不存在与周围环境的协调。

因此，并没有多少建筑类专业杂志介绍过这座建筑，即便提到它的时候也多伴有辛辣的评价。不过，建筑评论家长谷川尧说道："如果那种程度的建筑都不常见的话，可能说明今天的日本建筑确实是超乎想象的划一。"这一发言中也包含着建筑界需要自我警醒的意味。

话虽如此，如果按照冈本的思想推测的话，他应该从一开始就没有以获得建筑界的认同为目标。创作雕塑一样的建筑有什么不对？他自诩为"来势汹汹的外行人"，将怪诞的建筑作为追求的目标。

冈本于20世纪60年代发表了妖怪城市理论——在东京湾建造人工岛，让对东京怀有不满的人们去那里居住。虽然同时代的建筑师们的东京规划，都是从应对人口激增的角度出发的构想，不过冈本却有着不同的动机。他从一开始就立志创作摆在公共场所中的艺术作品，而不是美术馆中的展品。他在丹下健三的旧东京都厅舍中负责壁画的创作，对大众可以触摸到的艺术的可能性抱有兴趣，又在真美花艺会馆中亲自承担了建筑师的职责。由此看来，冈本试图利用雕塑的创作手法，从内侧打破建筑。或许对他而言，这就是绳文的建筑。

另外，此处还将补充一些冈本在20世纪30年代于巴

圣家族大教堂（设计：安东尼奥·高迪）

黎生活期间，在照片中初识高迪，并从此深受其感召的故事。后来，他曾在 67 岁的时候实地到访了巴塞罗那，想来当时一定为那些看起来不像是建筑的异形造型倾倒。他对高迪的建筑有着如下评价："多么不可思议的独创建筑。它是激烈的、超自然的存在。我在被它的异样震惊的同时，感到有什么东西猛烈地袭来。我还记得当时的共鸣。像生物一样的、有着流动感的、弯曲并延伸的线条，以及它们之间的相互缠绕。就在那个时刻，我感到它们与我描绘的抽象表现的韵律，在我身体的深处产生了微妙的共振。"[1]

圣家族大教堂也与真美花艺会馆和太阳之塔一样，以冲破天际的尖塔为特征。另外可以看到，高迪的激烈弯曲的造型、涡旋的主题以及过度的装饰等，也与绳文的造型存在共通之处。由此看来，这不是尘封于日本内部的绳文，而是同样拥有原始能量的、国际性的绳文。

不可直视的土俗建筑

花道家川崎真美有感于冈本的随笔，委托其设计真美花艺会馆一事，发生在 1967 年。值得注意的是，冈本还在同一年出任了大阪世博会主题馆的策划人，更开始着手墨西哥的巨大壁画《明日的神话》的创作。也就是说，他的三个最大规模的项目，都是在 60 年代末期的同一时间段内进行的。

冈本最著名的代表作太阳之塔问世于 1970 年，《明日的神话》由于计划安放的酒店未能开业而成了库藏，所以真

---

1 《翱翔宇宙之眼》(2000 年)，载川崎市冈本太郎美术馆：《冈本太郎与绳文》，2001 年收录。——原注

美花艺会馆是这一连串工作中最早实现的一个。因此对冈本而言，有着高达20米的屋顶结构的真美花艺会馆的工作，具有作为更加巨大的太阳之塔的预演的意义。另外，太阳之塔的结构计算，由经手过东京奥运会的国立代代木竞技场的东京大学教授坪井善胜担任。

冈本于1967年考察了蒙特利尔世博会，体会到了分散布置主题馆的会场规划的不足。因此，他对大阪世博会的主题馆进行了集中排布。他还说到，日本馆的展出虽然四平八稳地取得了各方面的平衡，却没有任何魅力可言。[1] 虽然经历了近代化的变革，"不过日本人勤勉、认真、坚韧的性格不光得到了外国人的承认，就连日本人自己也是这样认为。尽管如此，其人格的魅力却总是得不到释放"。于是，"将一般情况下日本人仅有的两个价值基准——西欧近代主义与其反面的传统主义——一脚踢开，实现了以'太阳之塔'为中心的怪诞的空间"。世博会不是讲大道理的课堂。冈本把世博会的会场当作大众能够以参加节日庆典的心情游乐的场所。这次重新定位后的构想十分明确，那就是占据了会场的核心区域，拥有奇妙的日式"节庆"＋西式"广场"的

---

1 《世博的赌注》(1971年)，载平野晓臣：《冈本太郎与太阳之塔》，2008年。——原注

合成名字的舞台。可供人们聚集的广场，因 60 年代的游行活动而受到关注。《建筑文化》也因此在 1971 年 8 月刊策划了一期《日本的广场》特辑。不过，世博会中出现的广场，是为国家活动服务的广场。

矶崎新就太阳之塔的出现回忆道："我记得在看到那个'刺破屋顶并伸展而出的怪诞的东西'时，瞬间联想到了不可直视的土俗怪物，刷的一下抬起头来的情景。"[1] 实际上，70 米高的高塔从 30 米高的丹下健三的大屋顶中一跃而起，二者产生的相互碰撞才是最重要的。这是绳文对阵弥生的构图。与丹下的建筑对峙的不再是壁画，而是经历了真美花艺会馆之后，拥有了建筑尺度的雕塑。正是因为丹下这位巨人的存在，才令冈本的对极主义光彩夺目。

顺便一提，主题馆的第二策划人是与丹下关系同样密切的、辞去了《新建筑》职务的川添登。冈本这样描述他的构思动机："好吧，那就为世界第一的大屋顶增添一些活力吧。我一边这样想着，一边看着壮大的水平线构想的模型，心中涌现出一定要将它轰的一声打破的冲动。要让优雅的大屋顶的平面与一个怪诞的东西对决。"（《世博的赌注》）

---

1 《符号诞生！》，载平野晓臣：《冈本太郎与太阳之塔》，2008 年。——原注

刻印在国民记忆里的高塔

有照片记录下了当时冈本太郎自己从大屋顶的模型中探出头来的情形。太阳之塔完成了与他的同化。据说建筑师在听到太阳之塔的创意时，脸上并没有浮现出喜悦之情。正是对方的这种反应，才令冈本确信自己的想法可行。就像他在被问到是否愿意出任主题馆的策划人时，因为熟人与朋友的强烈反对才决定接受委托一样。

举办大阪世博会的决议在 1965 年 9 月获得通过，丹下的会场规划也已经在进行之中，太郎的高塔就这样在中途硬生生地挤了进去。世博协会会长石坂泰三对这个大胆的提案表示认可，这在国家工程很快就会招致争议的今天看来，是无法想象的快速与果敢的决断。

其结果是，诞生了在世博会历史上留下一笔的独创性的会场。当时的风景成了日本国民的共同记忆，并通过《20世纪少年》[1]与《蜡笔小新 风起云涌猛烈！大人帝国的反击》[2]等亚文化，与当时尚未出生的年轻一代共有。在回顾 20 世

---

1 《20 世纪少年》：浦泽直树的长篇漫画，后改编为真人版同名电影。故事的起始时间被设定在了大阪世博会召开的 1970 年前后。

2 《蜡笔小新 风起云涌猛烈！大人帝国的反击》：蜡笔小新系列的第 9 部剧场版。其故事背景为，日本各地出现了名为"20 世纪博览会"的主题公园，大人们在游览后沉醉于 20 世纪的怀旧之中，举止变得怪异，并突然全体失踪。

纪的日本的时候，它或许会成为最著名的构筑物。

真美花艺会馆有着"看起来像生物一样"的造型，而太阳之塔则被装上了清晰的面孔。伸出双臂的形象被大众接受，成了大阪世博会最大的符号。平野晓臣曾这样指摘道："太阳之塔是对金钱的极大浪费，是将官僚的六十分主义一脚踢开、蓄意已久的零分答案。正因为这样，它才成了庆典的象征，并回响在民众的心中。"虽然不可能存在集万千宠爱于一身的前卫艺术，但不可能的事情就这样实际发生了。"太阳之塔一气呵成地在前卫与大众之间架起了一座桥梁。也就是说前卫成了日常，成了大众之物。前卫就这样化为了乌有。冈本太郎亲手将前卫的结构砸烂。"[1]这是世博会造就的奇迹。

冈本曾反复说道："将装腔作势的西欧的良好形象，与追求其反面效果的日本调性的气氛全部踢开，就像刷的一下将原始与现代直接连接一样，瞬间把怪诞的神像立了起来。"（《世博的赌注》）

冈本在《今日的艺术》（1954年/1999年）一书中指出，"存在一种只有江户末期以前的旧事物及其直系与支流"，才称得上是"日本文化"的"奇怪习惯"。对在这类事物的基础

1　平野晓臣：《冈本太郎》，2009年。——原注

上衍生出的新事物的否定行为，体现了对外国的偏见与自卑，是"现代日本人的一种精神疾病"。

太阳之塔的出现，标志着冈本完成了与日本传统的斗争，实现了与建筑的对峙。它可能也是最大规模的绳文建筑。貌似冈本自己也对这个项目感到满意，并在回顾时说道："作为创作者感到了由衷的自豪。这是我创作生涯中的重大感动。"[1]

在那之后，刺穿屋顶的原始柱子形象的再次出现，是成立了绳文建筑团、标榜野蛮前卫[2]建筑的藤森照信设计的神长官守矢史料馆（1991 年）。四根柱子刺破了建筑的屋顶，这或许是从附近的诹访大社的御柱[3]信仰中获得的立意。此外藤森还关注了屋顶上长有植物的芝栋[4]等，这是在之前的传统论中未被提及的民居系谱。

---

1 《世博的完结》，载《与太阳之塔一起 日本世界博览会主题馆的记录》，1971 年。——原注
2 野蛮前卫：藤森照信借用"前卫"的法语"avant-garde"，将"avant"替换为"野蛮"，创造出"野蛮 -garde"，即"野蛮前卫"一词来形容自己的作品。
3 御柱：立于诹访大社上社的本宫、前宫，与下社的秋宫、春宫四处社殿的四个方位上的 16 根巨木。每七年举行一次从山中砍伐新树，并由人力拖拽至各宫替换原有御柱的"御柱祭"。
4 芝栋：种植有花草的茅草房屋的屋脊。其目的在于利用花草的根系，对屋顶的防水性能等进行强化。

神长官守矢史料馆（设计：藤森照信）

　　不过，藤森的建筑在强烈地唤起土著性的同时，并不存在明确的范本，也没有被贴上某地固有的标签。因此，不能将其划归为民族主义。不过，世上无论是谁都能从中感受到怀旧的气息。这也是他的设计被称为国际乡土（International Vernacular）风格的原因。

广岛和平纪念资料馆

第七章

核 爆

1 核爆纪念碑与"民众的愿望"

秋田的大屋顶

白井晟一也在与民众的能量结合的同时，开展了自己的传统论研究。没有拜任何人为师的白井，从一开始就在日本建筑界——像弟子辈出的丹下健三与伊东丰雄一样注重师承关系，或像东京工业大学等学校一样注重院校派系的建筑界——占据了特殊的位置。另外，他也没有多少极小住宅或新陈代谢派的宏大城市项目等这样反映时代潮流的作品。他以孤高的建筑师的姿态存在。这也与他没有接受过日本大学的建筑教育，年轻时就在海外的德国与法国游学的经历有着很大关系。

白井在战后 50 年代，经手了秋田县与群马县等地方的大量工作，他的"传统"也是以东北和北关东[1]为原点。秋田南部的秋之宫村役场（1951年），是由坡度平缓的大屋顶与立面上的列柱构成的、令人印象深刻的建筑。该建筑考虑到了雪国的特殊情况，有着深远的挑檐与露台。白井也因此作为民众的设计师成名，从而得以继续接到秋田县的工作。据说该设计是从村子的民居中获得的立意。相对于现代主义对象征地域性的屋顶的嫌弃，这座建筑本身就是一个象征性的大屋顶。白井曾这样记述道："秋田的人们恐惧雪。而他们与雪斗争的努力也超出了我们的想象。……我想，如果可以通过我的努力令这里的人们度过一个明媚的冬天，能够用很少的燃料让他们在温暖的地方工作的话，相比为了建设大规模的城市建筑而工作，一定会让我体会到更多的喜悦。"[2]

　　白井在当时的其他作品中也经常使用三角形的屋顶。例如，长野县的清泽冽山庄（1941年）与鸠中山庄（1941年）、三里塚农场计划（1946年）、土笔居（1952年）、善照寺本堂（1958年），以及秋田的浮云（1952年）、大馆木材会馆（1953年）、雄胜町役场（1956年，现为汤泽市役所雄胜支所）

1　东北和北关东：东北地区，一般指青森、岩手、宫城、秋田、山形、福岛六县。北关东地区，一般指茨城、栃木、群马三县，或加上埼玉后的四县。
2　白井晟一：《秋天的宫村役场》（1952年），载《无窗》，2010年。——原注

等。不过，他对于帝冠样式那样露骨的日本趣味的设计持批判态度。他曾在战时言道："与丧失了正念的国粹思想的不道德的联系，导致了空前黑暗的时代的到来。顶着发髻的大楼不光在东京，也在日本其他大城市中成群出现。战败起到了清除这种建筑丑闻的作用。"[1] 另外他一边对传统建筑中的屋顶之美表示认同，一边指出其形态并非装饰，而是从雨水与日照等独特的风土与自然中推导出的结果。

的确如此，白井的建筑上加载的并不是瓦屋顶，而是抽象的坡顶。另外，他还对秋田的工作有着如下回忆："如果粗笨的表现能够传达些许爱惜日本建筑中爽朗的传统的情绪，那它一定是送给长期以来用不变的友情接纳任性的自己的秋田人民的礼物，也是对我自己的慰藉。"[2]

超越民族表象的"传统扩大"[3]

冈本太郎以秋田为原点，执笔了不以京都为中心的传统论。而白井的轨迹也与他有着相似之处。他设计了群马

1　白井晟一：《花道与建筑 日本建筑的传统》（1952年），载《无窗》，2010年。——原注

2　白井晟一：《回忆》（1954年），载《无窗》，2010年。——原注

3　传统扩大：避免将日本的事情与现象总结为自身的传统，而是将它总结为与世界相关的事物，即将本国传统视为与世界共有的传统的理论。

松井田町役场（设计：白井晟一）

县前桥市的书店——焕乎堂（1954年），并将地方城市的书店称作"民众的图书馆"。此外群马县的松井田町役场（1956年）中的列柱，将建筑正面下方弯曲的体量刺穿的同时，撑起了有着平缓坡度的大屋顶。由于屋顶形似古典主义建筑中的山花，所以白井称此建筑为"农田的帕特农"。这并不是在心怀民众的同时，止步于"日本"的、样式上的传统，而是通过一种超越地域差异、具有普遍性的形状——三角形屋顶，以国际性视野创作的造型。从这种意义上讲，它或许与藤森照信的国际乡土契合。穿透松井田町役场露台的柱子，也是藤森式的存在。

白井谈到，战后的大城市以令人眼花缭乱的节奏进行着建设，而地方上特别是东北地区则好像与世隔绝一般。他这样记述道："毋庸置疑的是，有着尽可能朴素的乡土趣味的建筑，会获得大城市中的人们的追捧，而地方上的人们想要的是，至少在他们身边有一些大城市的事物存在。我们原本就是从大城市中走出来的一群人，也会想当然地认为这份工作的意义在于，创造具有当地风味的简素样式，然而这些却难以回应当地人的期待。归根结底，我们要做的就是思考如何创造能够同时满足双方相互矛盾的需求的建筑。"[1] 顺便一提，世人在现代主义的鼎盛时期，就已经意识到了地域主义建筑中存在的问题，于是推导出了同时具有双方特点、又不属于任何一方的建筑。白井在面对东京与海外的媒体时表现出的与日式现代主义不同的设计态度，恐怕也源于他在地方工作时的经历。

白井有关国立剧场设计竞赛的论文《传统的新危险》[2]（1958 年），充分体现了他的思考。他对现状的认识如下："如今的形势是，将桂离宫与龙安寺的石庭作为模型进行复习，被认为是'追求传统'的表现，而民族的潜在力量——'绳文之物'——正在蹒跚前行，舶来的抽象（Abstract）与古

1　白井晟一：《地方的建筑》（1953 年），载《无窗》，2010 年。——原注
2　载《无窗》。——原注

怪的物体（Object）也显示出'克服传统'的决心。"

另一方面，白井也通过传统放眼世界。"时至今日，我们尚未拥有能够根植于民族主义、向世界传递明确信息的建筑。国民文化的表征止步于对平安与桃山[1]的复原和变形，或是无条件的欧洲原教旨信仰下的表面模仿。这些正是对创造的进步性的反动，所谓难得的机会也不过是从人类手中争夺土地的'建设'而已。我们渴望得到的东西，应该是最基础的独创，而不是最高水平的借鉴。不管有着日本的范本也好，欧洲的范本也罢，以坐享其成的态度无法实现'创造'。在这片土地上，只有从自主的生活与思想中发现世界语言这一条道路。"于是，应当像他高度评价的悉尼歌剧院一样，成为超越民族表象的，"世界共存的思想通道的创造"，即"向前迈出一步，在世界史的锤炼中，追求'传统扩大'的目标"。

两座核爆纪念建筑

白井的代表作之一原爆堂，与村野藤吾的世界和平纪念圣堂、谷口吉郎的战殁者慰灵堂等作品一起，被刊登在了《新建筑》1955 年 4 月刊的纪念建筑特辑之中。根据编

---

1 平安与桃山：指日本的平安时代，以及安土桃山时代后半期的桃山时代。

辑部的附记，就在设计方案推进的同时，1954 年 3 月的比基尼水下爆破实验产生的死亡之灰 [1]，正在空中放射性地沉降。白井从有关丸木位里与赤松俊夫妇的《原爆图》的"新闻报道中得到启发，决定设计方案完全脱离画作，并以表现民众对和平的期冀为目标"。因此，设计事先并没有确定用地、造价、美术及其他任何事项。一篇未署名但疑为川添登所作的文章曾有着如下记载：

"原子弹在一瞬间将广岛化为了荒野，而水下爆破无疑是更加彻底的破坏行径。只有在此等荒野中顽强矗立的建筑，才能够与核爆进行和平的抗争。并且，应当从孕育出核爆的科学的淫威之中，重拾人类的尊严。"原爆堂项目在向古代埃及寻求构思的同时，也以圆柱体与长方体交叉产生的悬挑结构，完成了对现代性的表现。从入口处的展厅步入地下，通过水池的底部后登上螺旋楼梯，可以进入到陈列室之中。这是给人以强烈的重生印象的连续场景。

然而，白井的原爆堂最终未能实际落成。对于基本上只刊登新落成的建筑的《新建筑》而言，对明显没有实现

1 美国在 1946 年至 1958 年于马绍尔群岛进行了 60 余次原子弹及氢弹爆炸实验。其中最大的一次是在比基尼岛进行的水下氢弹爆炸实验。该实验产生的放射性沉降物受风向影响，以超出预期的范围扩散，并使附近的日本捕鱼船"第 5 福龙丸"号的船员受到了辐射伤害。史称比基尼事件。

原爆堂设计方案（设计：白井晟一　资料：白井晟一研究所）

广岛和平纪念公园—原爆穹顶轴线

可能的设计方案的介绍也实属特例。不过，该设计正好赶上了丹下健三设计的广岛和平纪念资料馆在日本战败后的第 10 个年头于广岛完工的特别时刻。看来这是川添登有意在杂志中令白井的纸上建筑，与丹下的现实建筑——通过轴线的介入与原爆穹顶产生关联的广岛和平纪念资料馆——进行的对峙。

川添在介绍广岛项目的《新建筑》1955 年 1 月刊中，曾有过以下论述（《丹下健三的日本性格》）。丹下"借助废墟中的、充满力量的建筑，使人联想起了伊势神宫"。他一边参考正仓院与寝殿造，一边在进一步学习现代主义的过程中，没有沉迷于日本趣味的调性，最终形成了自己的设计。从设计中可以解读出勒·柯布西耶提倡的底层架空形式，以及令人联想起缜密的古建筑模数体系的百叶等细部。颇为有趣的是川添的以下指摘："在战后的混乱之中，丹下健三不得不与伊势展开格斗。伊势在作为民族传统中最古老的、最大规模的建筑的同时，既是天皇制的表征，也是他的战时作品的起源。丹下想要做的是对伊势的抵抗，以及对其中蕴含的民族意志的表现。"

在距离核爆中心不远的土地上出现的广岛和平纪念资料馆，虽然是一座标志着日本战后复兴的建筑，但在当时却被人们按照传统与民族等关键词进行解读。于是川添对该建筑做出了这样的历史定位："伊势的矛盾与广岛的矛盾相互融合。顽强挺立在荒野之中的、巨大的底层立柱，百叶中蕴含的朴素的近代性，以及没有彻底完成的饰面表现出的粗野肌理，与建筑全体和建筑用地一起，酝酿出荒凉的气氛。它宛如核爆时代创作出的20世纪的神话一般，有着不可思议的魅力与动人心魄的力量，并朝着我们席卷而来。"

原爆堂与民众

就这样，川添编织了一个关于丹下的广岛和平纪念资料馆的神话，而另一个神圣的建筑当属白井的原爆堂。贴有黑色花岗岩的 9 米直径的圆筒，即所谓的巨大圆柱，将边长为 12 间 [1] 的正方形厅堂贯穿。与其说是日式建筑，不如说它更像国籍不明的、充满蛮力的远古建筑。根据白井的描述，这"并不是迫使记忆凝结的造型，或许它想成为永远存续的希望的象征。这是对人类社会不朽的共存的祈愿，与创作者心中的这种造型发展的坦诚结合"[2]。

如果欣赏这座建筑的原始图稿，会为其线条的美感所叹服，而白井也强调了原爆堂的命题之所以成立，离不开建筑与民众之间的关联。"我认为如果没有丸木与赤松等人，没有本设计方案的热心支持者们，没有与祈愿永世和平的民众间的广泛协作，必然无法成就这座建筑。"不过，设计方案并没有设定具体的选址。原子弹的投放并不是一个只与日本有关的问题，使用新技术对大量平民瞬时杀戮，即便在人类历史上也是一次巨大的悲剧。白井肯定意识到了这种普遍性的存在。

川添也在以岩田和夫之名写下的文章《核爆时代的反抗者》中，指出原爆堂有别于功能主义的近代建筑，同时

1　间：日本旧时的长度单位，1 间约等于 1.82 米，1 间乘以 1 间为 1 坪。
2　白井晟一：《关于原爆堂》，载《新建筑》，1955 年 4 月刊。——原注

将它与民众关联了起来（见《新建筑》）。"虽然白井晟一被认为是孤立的创作者，不过仔细留意就会发现……像他这样讨论'民众'的创作者实在是有点少见。他在这项设计之后，彻底坚定了作为'民众的创作者'的决心。"川添认为，正是因为机械时代对规格化的推行，才"需要强调精神的独立性、提倡自主性的创作者的存在"。

川添谈到，最初的方案是将圆柱置于六面体之上，不过由于"创作者意识到了原爆堂真正的业主——民众——的存在"，而将设计变更为"包含祈愿和平的情感，于空中悬浮的圆柱体与六面体交错的造型"。他指出，起到遮挡视线作用的附属设施，令人联想到了法隆寺，其与原爆堂之间有着类似金堂与五重塔的统一关系。他同时还这样说道："我觉得白井晟一所讲的传统，涵盖了人类迄今为止积累的文化中的所有内容。"白井的晚期作品，亲和银行本店怀霄馆（1975年）、NOA大厦（1974年）、松涛美术馆（1980年）、石水馆（1981年）等，虽然继承了原爆堂的一部分造型主题，却并不是国际性的现代主义建筑。他所开创的，是既非日本亦非西洋的、极为独特的建筑。突破所谓日本的框架，以世界建筑历史的视野思考传统论的人，正是白井。

左：NOA 大楼／右：亲和银行本店计算机楼怀霄馆（设计：白井晟一）

2 "混在并存"的思想

另辟蹊径的丹下健三的同级生

设计了国立能乐堂的大江宏，也以这种迂回的方式，构筑了有别于丹下的、乖僻的传统论。不过，他的思想与白井也不尽相同。大江于 1913 年在秋田出生，因父亲大江新太郎在日光东照宫三百年大祭之时，从事了大规模修缮工程的缘故，幼时就在古建筑技术人员的环绕下，于日光的安养院中生活。他在东京大学与丹下和立原道造一起学习建筑，是丹下的同级生，并在当时被外国杂志与书籍中介绍的近代建筑所吸引。

大江在毕业之后，于1938年进入文部省，并设计了中宫寺的佛龛（1940年）。他在战后成立了事务所，并受邀执教法政大学的建筑学科，设计了底层架空的勒·柯布西耶风格的53年馆——法政大学对战争中损毁校舍的重建计划之一。在这之后经手的55年馆，也同样是纯正的国际主义风格的建筑。

他在这一时期的活动，与丹下在战后设计广岛和平纪念资料馆的经历大致相似。不过，大江由于负责了导师堀口舍己设计的圣保罗日本馆的现场管理工作，在海外逗留了半年时间，并在那里遇到了转型的契机。这段时间的经验在法政大学58年馆的局部体现了出来，而后来在1965年历时三个月的南欧、地中海、中近东等地的旅行，成为他开辟另外一条道路的决定性因素。

关于旅行的详细内容将在后文中讲述，在那之前，先看一下他对日光东照宫的态度。布鲁诺·陶特将伊势神宫和桂离宫评价为与现代主义共通的优秀建筑，另一方面批判过度装饰的日光东照宫为"赝品"。回忆起这种日本文化论被奉为经典的情况，大江对妖魔化日光东照宫的传统论感到不舒服。

法政大学 55 年馆（设计：大江宏）

　　他在退休前的最后一节主题为《建筑与我》的课上讲道：
"'日光'是我模糊的记忆中，可以追溯到的最古老的往事
与回忆。"[1] 他还这样论述道："所谓的日本传统，汇集了包括
今天的'日光'在内的、多种极为异质的事物，形成了相
互叠合的构成，而非临时的、单纯的构成。"[2] 它表达的不是

1　大江宏：《大江宏·历史意匠论》，1984 年。——原注
2　大江宏：《大江宏对谈集：建筑与氛围》，1989 年。——原注

特殊性，而是世界共通的普遍性。也就是说，大江从一开始就选择了与以伊势和桂为起点的丹下不同的道路。

两次海外旅行改变的世界观

大江原计划在最初的海外旅行中，首先实地走访曾在杂志中见到的国际主义风格的建筑，不过他的思路在进入南美之后发生了变化。他在旅居圣保罗并与当地建筑专业的学生交流的过程中发现，并没有人提到密斯·凡·德罗与勒·柯布西耶的名字，反倒是弗兰克·劳埃德·赖特在这里有着压倒性的名气。由此看来，他在日本学习的国际主义风格的建筑，并不一定就是国际性的建筑。

师承勒·柯布西耶的前川国男与吉阪隆正等先驱人物，在日本传播了他的思想。而年轻一代的大江，因为晚到了一步，体验了密斯、格罗皮乌斯与勒·柯布西耶之外的世界。据大江回忆，他早在小学时就感受到了赖特设计的帝国饭店的魅力（《建筑与我》）。喜爱日本的赖特，其设计完全不同于伊势神宫与桂离宫这类建筑，反而以装饰性的细部和材料的感觉为特征。

大江1954年的海外体验，是以协助导师完成工作为契机，具有很大的偶然因素，而1965年的旅行却有着明确的目标。因为大江按照自己的意愿，选择了南欧、地中海、伊斯坦布尔、伊朗等地区作为目的地。在这之后，他意识到了单独就建筑中的传统要素进行论述的难度："事实上，这种元素深深地缠绕并溶解于过去的伟大遗产之中，有时甚至完全无法预测它将以何种形态出现。"[1]

这一时期的大江，走访了固定样式形成之前的前罗曼式（Pre-Romanesque）与乡土风格的建筑。他在回国后发表了与古典主义不同的、有着独特的纤细柱列的普连土学园（1968年）与乃木会馆（1968年），以及折衷的角馆町传承馆（1978年）等作品，其创作风格也发生了巨大的变化。

大江曾回忆到，他对20世纪50年代的传统论争和60年代新陈代谢派的流行，总感到不太适应。实际上，他并未参与到这一连串的热烈讨论之中。也就是说，大江并没有选择以丹下为核心的传统论在还原、抽象古建筑元素的同时将之直接与现代主义接驳的手法。他决定开拓一条独立创新的道路，而两次世界旅行为他确定了前进的方向。

大江称："所谓乡土，是指深埋在泥土中的地下茎所连接的地方。我怀着这样的认识在地中海的世界里漫步。"（《大江宏·历史意匠论》）以现在的眼光来看，或许可以将他的这种态度归结为"后现代主义"。不过需要特别强调的是，

---

1 《现代建筑、传统》，载大江宏：《建筑作法》，1989年。——原注

这并不是大江在日本引进美国新动向的背景下形成的见解，而是早在 20 世纪 60 年代就从个人经验与独自思考中得出的结论。

混在并存的建筑

"混在并存"一词并不是大江的原创，而是《新建筑》的编辑马场璋造替他加上的说法。虽然没有成文的宣言，但大江本人也时常用该词对其思想与设计进行说明。他解释，为了"将近代建筑塑造得更加完整"，需要放弃对洗练的追求，"放弃对形形色色的事物的剥离，并让它们按照原有的状态共存。如果不这样做的话，所有事物均无法成立的现象"就是混在并存。[1]

举例来说，香川县文化会馆在由近代技术完成的建筑的内部空间之中，使用了木作的构成手法，"两个异质的元素，时而相互矛盾，时而相互对立，在混在并存的同时支撑着日常生活。我在试图忠实呈现这种日本的现实的时候，决定重新寻找建筑创作的意义。"[2]丸龟武道馆（1973 年）也是在两种异质的、对极的材料——混凝土与木材——的组合

---

1 《从混在并存到浑然一体》，载大江宏：《建筑作法》，1989 年。——原注
2 《混在并存》，载大江宏：《建筑作法》，1989 年。——原注

混凝土与木作的并存
左：丸龟武道馆／右：香川县文化会馆（设计：大江宏）

中构筑而成的建筑。顺便一提，同时代的宫脇檀设计的住宅，虽然也在混凝土的主体结构中嵌套了木质的内装，却没能将它与大江那样的具有历史洞察力的传统论接驳。

　　这些不是简明扼要的理念，而是对大江经历的反映，是大量不同图层前后堆叠而成的设计。大江也因此被认为是难以解读的建筑师。从兼容并包的意义上讲，或许还会想起石井和纮的存在，不过，他是在后现代主义一词被广泛接受之后，才将美式的方法论应用于自己的作品之中，并轻快地对符号化的历史元素进行了采样。其建筑也明确体现了这种意图。而大江却表示，虽然能够理解文丘里从美国的风土出发而登上历史舞台的原委，但是突然将他的理论移植到日本，恐怕会出现水土不服的问题（《大江宏·历史意匠论》）。另外，他的设计实现了不同元素间更加复杂的统一，以及在具体实物层面的融合。

话虽如此，现代主义曾遭受的质疑，也同样被后现代主义所拥有。大江认为，近代建筑片面地重视"轮廓、比例、体块"等次要方面，却剥离了每一个"细节的美学表现——装饰性"[1]。

大江认为，"存在一种将开放性或无限性视为日本建筑特征的错误理解"。这种见解与功能主义的流行有关。"现在的日本居住空间在构成上的一个重要特点，是大小不同的多个建筑单体相互关联后形成的，规划布局与用地划分的立体构成。"（《建筑作法》）

这种思想，在拥有多个被分割的屋顶、按照手法主义[2]的关系排列柱子与墙体的国立能乐堂中得到体现。比起作为私宅的书院造与数寄屋的传统，大江在这里更多参照了应被视为公共建筑的寺院与神社（《大江宏对谈集：建筑与

1　《细节的美学表现》，载大江宏：《建筑作法》，1989年。——原注
2　手法主义（Mannerism）：泛指文艺复兴晚期、巴洛克时期之前的欧洲艺术与建筑风格。其特点是偏离文艺复兴时期的和谐之美，偏爱奇巧的风格与怪异的效果。建筑上，以帕拉迪奥打破古典柱式的规则，创造性地在建筑立面上排布不同规格立柱的帕拉迪奥母题为代表。

气氛》）。顺便一提，他与丹下、白井、冈本等人的传统论的不同之处在于民众概念的缺失。相较于社会性，大江充其量是在历史意匠论的框架之下，构筑着他对设计的思考。

历史意匠论的意义

大江采用了与丹下不同的迂回战术——以相同的价值观纵览西洋、东洋与日本，在寻找其共通性的同时，将它们统合的相对主义。[1] 因此，它与排他的民族主义之间很难产生直接联系。大江曾这样说道："我们必须站在多个体系之上。因为单一的体系，或是像近代日本那种倒向一边的急速挺进，既危险又颓废。也就是说，如果双脚不能牢牢踩在欧洲的积累的体系与地中海、中近东的乡土的体系之上，我们的建筑就无法获得实质性的发展。"（《大江宏对谈集：建筑与气氛》）他高度评价明治时代的拟洋风建筑，认为其"贪欲的创作气质"与桃山时代的匠人共通（《建筑作法》）。他还指出，"有些事情不能简单地按照近代日本特有的'西洋对日本'的思维模式进行思考"。

想象的起源并非纯粹化的历史。不如说，编织出鲜活的世界观、对设计予以刺激的历史，才是大江的志趣所在。

1　铃木博之与石山修武的对谈，载《建筑文化》，1989年6月刊。——原注

大江被伊东忠太从法隆寺柱子的收分出发，经丝绸之路遐想希腊的"思路的魄力所打动"（《大江宏·历史意匠论》）。顺便一提，大江的父亲新太郎对日光东照宫的修复同样十分大胆。新太郎在成为明治神宫的技师后设计的明治神宫宝物殿（1921年），并不是一座纯粹的样式建筑，井干式风格的躯体与寝殿造的屋顶，椭圆形拱顶上的井字形天花，与城郭风格的大门等异质元素交织在了一起。想来，这种创作态度也对大江产生了影响。

　　大江在回忆大学时期的课程时，除了藤岛亥次郎的日本建筑史与西洋建筑史外，还提到了关野贞的朝鲜建筑史、伊东忠太的撒拉逊建筑史以及塚本靖的考古学特别课程。这也是他在受现代主义吸引的同时，仍对多样的世界历史学抱有兴趣的佐证。不过，他最终还是批判了历史学将意匠剥离，成为专业细分后的实证主义[1]，结果变得枯燥乏味的情况。他曾就历史意匠的重构这样讲道："对历史学的科学性的过度追求，导致其变成了丧失建筑的气息、芬芳乃至浪漫的建筑史。这是我绝对无法接受的。"（《大江宏·历史意

1　实证主义（positivism）：仅以经验的事实为依据认识世界，排斥形而上学思想的西方哲学派别。其在历史学上的表现为：进行严谨的史料评判，确定科学的规律，仅以事实为基础进行历史记述，排除按照特定立场的需要解释历史的思想，主张科学、客观的历史观。

明治神宫宝物殿（设计：大江新太郎）

匠论》）在失去了维系学科根本的学术框架的今天，"必须重新确立历史意匠的学术地位"。在后现代主义的时代，历史作为设计的素材获得了短暂的关注。然而随着时代潮流的终结，人们对历史的意识却变得更加稀薄了。

第八章

战 争

1 "国民"的样式——建筑中的民族主义

从国民的建筑到人民的建筑

评论家浜口隆一的著作《人文主义的建筑》（1947 年）在战后不久出版，并引发了巨大的话题。其主旨是：建筑不是为统治阶级服务的建筑，而是献给"人民"的建筑，而现代主义中的功能主义，将发挥出这样的作用。

这是从战时的"国民"向"人民"的转变。实际上，在 20 世纪 30 年代至 40 年代前半的时间里，建筑领域也出现了国家意识的抬头，确立"国民住宅"等事项受到了呼吁。而另一方面，浜口的全新立场，可以看作是为 50 年代传统论中的民众意识所做的铺垫。他还在名为《功能主义与人文主义——文化主义的克服》（1948 年）的论文中，对自己书中的论题展开了讨论：如果说人文主义的第一阶段是资产阶级的人文主义，那么第二阶段就是拥有社会主义性格的人文主义。[1] 他认为，正如黑暗的中世纪向文艺复兴时代的过渡一样，"为国体护持而一亿玉碎"的战争时期，已经变为了解放人性的战后时代。

顺便回顾一下这位评论家曾以怎样的时代召唤为背景，登上了历史舞台。据浜口回忆，他是在出入前川国男事务所的过程中，被前川征询了进行建筑评论的意愿。[2] 也就是说，"感觉前川先生的内心独白是，要是浜口能够成为我的吉迪恩就好了"。

希格弗莱德·吉迪恩是为勒·柯布西耶等人发起的现代主义建筑运动提供了理论支持的评论家与历史学家。他在其主要著作《空间·时间·建筑》（1941年）中，论述了空间的三段式发展，并认定时空联动的现代主义为发展的最终形态。另一方面，日本的吉迪恩——浜口，是在战时登上的历史舞台。话虽如此，他们二人都有着从大型叙事出发，为现代主义确定历史地位的相似理论体系。浜口使用了"历史的必然"这一措辞，并做出了如下发言："功能主义只可能出现在现代人文主义——人民的人文主义——建筑的领域之中。"（《功能主义与人文主义》）实际上浜口在第二次

1　浜口隆一：《市民社会的设计》，1998年。——原注

2　浜口隆一：《战时的评论活动》，载《建筑杂志》，1985年1月刊。——原注

世界大战期间，因发表了名为《日本国民建筑样式的问题》的论文而第一次受到了关注。此处将对战时建筑界的情况进行回顾。

在当时的大学校园之中，像堀口舍己一样的国际主义者、浪漫派建筑师，与理性主义的教授们各成一派。不过浜口认为后者"才是民族主义者，因为他们效忠于所谓的日本国家"[1]。他以一种从战争中"逃离的姿态，为避免参军"而搬到了北海道居住。据说他在函馆收听了 1945 年 8 月 15 日的玉音放送[2]。《人文主义建筑》也是他在北海道的三年时间里执笔，后因前川的帮助才得以出版的著作。

浜口还这样说道："当时有这样一种论调：不采用浪漫的表现手法，就无法实现所谓的传统。好像进行合理、科学的思考，就是对传统的否定一样。"

1947年的另一部著作

建筑史学家太田博太郎，也在 1947 年出版了他的主要著作《日本建筑史序说》。该书于 1939 年起笔，完稿时战争还没有结束。虽然这是一部被广泛阅读的日本建筑通史，

1　浜口隆一：《战时的评论活动》，载《建筑杂志》，1985 年 1 月刊。——原注
2　玉音放送：指昭和天皇亲自宣读"终战诏书"的录音播报。

但是可以从书中发现其与现代主义美学共通的眼光。例如正面评价"简素清纯的表现""无装饰的美""非对称性""直线""结构力学之美"等视角。另外，书中虽然没有岸田日出刀那样露骨的记述方式——强调日本建筑与中国建筑的差异从而指摘其特征，却有着与其相似的论述方法——通过对中国风格的排斥令日本风格浮现。该书如果在战争结束之前出版的话，行文或许会是另外一种模样。无论如何，太田与纵观古今的吉迪恩并不一样。

相对于西洋的现代主义以否定过去为出发点的做法，太田并没有涉及近代建筑的领域，而是将古建筑作为与现代主义的价值观共通的建筑进行论述。他与评论家浜口讨论的历史时代之间也不存在冲突。另外，太田当时交往密切的现代主义建筑师有前川国男，以及与他在1941年同期进入文部省的大江宏等人。他还与后者共同负责了纪念纪元2600年的国史馆项目，不过该项目最终未能实现。

太田曾在1937年9月至1939年2月期间，和1941年12月至1942年7月期间，被征调至本土以外的地区。[1] 他在日本战败时身处东京，属于首都防卫队的编制，每个月有一半时间在大学里度过，剩下的时间则身着军装。因此，

1　太田博太郎：《近代的脊梁》，载《建筑杂志》，1995年8月刊。——原注

他在战争结束之时，"有了从今往后将由我辈出场的感觉"。

太田曾这样描述战时大学的样貌："东大里面不会有直言反对战争的人存在吧。国家的公务员就是那个样子的嘛。就我估计，赞成战争的人也没有那么多。不过，都已经开战了，还有什么可说的呢？……除了照做也没有别的办法了。"在大学里，结构学正忙着研究抵御炸弹伤害的防爆结构，太田貌似也因为被要求进行战时研究，而调查了江户的火灾历史。另外，根据当时的一名毕业生的说法，材料学专业的浜田[1]还在当时开设了"城市防空"课程。[2]

关于战时的国家与建筑

传统论的幕后推手川添登出生于1926年，他在"不禁思考如果自己在战争中丧命的话，到底是为何而死"的时候，阅读了布鲁诺·陶特的著作。[3]这样做的目的是让自己接受"为了这样的日本文化死而无憾"的想法。川添谈到，虽然丹下的"大东亚"建设纪念营造计划或许是"神国意识或

---

1 浜田：指浜田稔。
2 佐野正一：《战争一代的建筑教育》，载《建筑杂志》，1976年4月刊。——原注
3 川添登：《传统论与新陈代谢的周边》，载《建筑杂志》，1995年8月刊。——原注

国家主义的产物"，但他从中发现了与陶特共通的思想，从而产生了共鸣。陶特曾于20世纪30年代到访日本，并对日本的古建筑赞赏有加。有趣的是，他的著作在这样的社会背景之下被接受。陶特将桂离宫和伊势神宫视为与现代主义相通的建筑，并认为它们理应与帕特农神庙齐名。

伊东忠太于20世纪30年代后半期访问了德国。[1]他介绍了名叫希特勒的"旷世英雄"登上历史舞台并重塑国家的事迹。另外，纳粹宣扬"单一民族国家"并排挤犹太人，其建筑果敢地执行了"重内容轻外观""重实质轻空论"的原则。因此，纳粹建筑的外观虽然朴素，"但我认为作为新德意志的新文化的作品，再没有比它更合适的建筑了。"

伊东虽然平淡地对纳粹的情况进行着说明，但言辞中并没有否定的感情色彩。而另一方面，"在日本，即使学者假借学说之名，向国家与国民散布有害无益的言论，世人也并不太将其视为问题。政府也是一样，除相当严重的情况外不会进行言论的压制，明显比德国要宽宏大量。"这听起来像是期望政府进行干涉的发言。他还说到，日本给了德国一个"巨大的暗示"。其原因在于，欧洲正在盛行对日

1　伊东忠太：《新德意志文化与日本》，载《建筑杂志》，1939年2月刊。——原注

本的研究，"日本的物质文化虽然贫乏，但精神文化却在世界中占有一席之地。"

话虽如此，伊东却认为外国人难以理解日本的文化。例如，外国人赞美富士山的造型，而日本人则怀有"对大自然的伟大威力的敬畏之心，并从中接收到一种无以言表的神秘启示"。另外，在进行完现场的讲解之后，似乎没有人对神社与寺院产生兴趣，倒是巨大的姬路城有着很高的人气。于是他严苛地称"看来恐怕完全理解不了"茶室，也"几乎不会明白石头的趣味所在"。可以看到，这种所谓外国人终究无法理解日本的言论中包含着民族主义思想。

战后拉动国铁[1]建筑发展的伊藤滋，战时为了"以一名国民、一名建筑技术者的身份"全力报效祖国，提出有必要建立新的建筑体制，并提交了其机构设置的方案。[2]提案涉及多个方面，有关设计的内容中倡导了设计事务所的集团化发展。另外，"始于建筑造型的一般艺术文化的延伸与发扬"，应当获得国家的重视，使其"作为养育国民之水土的同时"，成为"民族意识与爱国精神的纽带"，这对于"国家的百年大计"而言尤为重要。就这样，建筑也冲进了必

---

1 国铁：日本国有铁道（JNR）。完全由日本政府出资的国有企业，1987年被拆分为数家日本铁道（JR）公司与关联法人。

2 伊藤滋：《新日本的建筑体制》，载《建筑杂志》，1941年4月刊。——原注

须抱有国家意识的时代之中。然而,事实上随着战事的激化,设计变得无关紧要,经济性与效率性成为最受重视的因素。

现代主义建筑师山田守,在名为《负责"大东亚"建筑文化建设的日本建筑师的综合自觉》[1]的论文中,认为相互批判与争论的时代已经过去,并提出了"什么才是因战争登场的当今日本建筑师的使命"的问题。他呼吁不要被"敌对国的建筑"迷惑,倡导学习日本建筑传统之所长,以创造世界性的新建筑文化为自觉。这是一件"必须由全体建筑师齐心协力完成的空前大事,应当上下一心共同参与到这项事业的筹划之中"。

前川国男的战斗

提倡举国上下、排斥外国的民族主义,也波及了日本的建筑界。以弗兰克·劳埃德·赖特的帝国饭店项目为契机到访日本、后继续留在日本工作的安东宁·雷蒙德,在1937年离开日本回到美国,又在1941年关闭了东京的事务所。讽刺的是,熟知日本房屋的雷蒙德,在美国为开发高效燃烧木造住宅的燃烧弹提供了帮助。

在雷蒙德门下学习的前川,于战时发表了被认为是用

---

1 载《建筑杂志》,1942 年 7 月刊。——原注

来表明决意的论文，即 1942 年发表的《建筑的前夜》与《备忘录——关于建筑的传统与创造》[1]。前者批判了"日本趣味的建筑"，提倡同近代技术一道创造新建筑。后者谈到了"对传统的潜心钻研"将成为"真正的创造"的线索，"国民建筑"将在"受世界史中的国民个性陶冶的建筑师的实践"中问世。"日本"与"传统"是这两篇论著的主要论题。

前川偏好用战斗作比喻。《败者为寇》（1931 年）是他在规定采用东洋风格的帝室博物馆设计竞赛中，提交现代主义的设计并落选时的著名文章（《建筑的前夜》）。前川就多数建筑师在设计竞赛这一发表意见的重要场合的缺席提出质疑："恕我寡闻，我没有听说过任何一个时代，曾出现过没有牺牲就获得胜利的新运动。"同理，如果仅凭权宜之计或一时兴起，而不是靠建筑师的不断进取的话，新建筑也没有可能实现。

前川在竞赛方案的设计说明中，表达了"难道要建造似是而非的日本建筑，去玷污光荣的三千年历史并欺骗民众吗"的愤怒，并表明了应当"建设最坦诚、谦逊、正直、真实的博物馆，以正统的文化继承者的身份而努力"的态

1　两篇文章收录于前川国男：《建筑的前夜》，1996 年。——原注

度。[1]他谈到，就像哥特教堂与帕特农神庙一样，样式的"诞生与各时代的结构材料之间有着巨大的联系"，使用钢筋混凝土模仿唐破风或千鸟破风的行为是一种冒渎。这是对帝冠样式的猛烈批判。

当时的这些努力终以失败而告终。不过，在战后的上野公园内，前川设计了东京文化会馆与东京都美术馆，更有其导师勒·柯布西耶的国立西洋美术馆的登场。如果按照前川的口吻来讲，现代主义最终取得了对帝冠样式的胜利。

2 战时的建筑理论

新国立竞技场问题与战时的日本

日本从1937年开始，就已经投入到了中日战争之中，国内的大型建筑项目开始被一个接一个地叫停。这样做的目的是为了控制铁材的使用，并将其用于兵器制造，也是为了表现节约的姿态。结果，出现了对木造现代主义的研

---

1 《东京帝室博物馆计划 说明书拔萃》（1931年），载前川国男：《建筑的前夜》，1996年。——原注

究和对经济性的重视，建筑设计开始变得简单朴素。另外，洋风建筑被批判成了国耻建筑，日本趣味成了设计竞赛要求中的要项，帝冠样式在此时登场。

另一方面，虽然战事持续激化，本章开头谈到的浜口隆一于 1944 年执笔的论文《日本国民建筑样式的问题——从建筑学的立场出发》，其内容却高度凝练。可以说，其作为从 20 世纪中期的现代主义视角出发的日本建筑理论，达到了同类论著中的最高水平。川添登曾回忆到，由于战时缺少实际创作的机会，"所以有大把时间用来思考与辩论。建筑首先是思想与逻辑，这是对任何人都不言自明的道理"[1]。

论文用以下文字作为开篇："谨以此篇小论献给持续为树立新日本建筑样式，付出最真挚的努力的前川国男先生与丹下健三先生。"这原本是在得知丹下与前川获得 1943 年的曼谷日本文化会馆设计竞赛第一名与第二名时所作的一篇文章。浜口从 20 世纪 30 年代开始就已经意识到了民族主义的崛起，他忧心于生搬硬套地合成和风外观的帝冠样式在设计中日渐跋扈的现状，试图以评论家的身份，为

---

1 《序文 市民社会的设计伦理与逻辑》，载浜口隆一：《市民社会的设计——浜口隆一评论集》，1998 年。——原注

现代主义建筑师对这种潮流发起的抵抗提供火力支援。就像当年吉迪恩以具有历史洞察力的建筑理论，支持在国际设计竞赛中落败的勒·柯布西耶与包豪斯建筑师们的现代主义活动一样。

日本国民建筑样式的问题

浜口所著的日本建筑理论的全部内容，被《新建筑》分4期刊登在了1944年1月、4月、7/8月和10月的刊物之中。由于这篇论文的重要性，此处将细致地回顾其论述的展开方式。

文章开篇对建筑学是什么的问题进行了说明。浜口认为，建筑学探索的并不是建造方法，而是建筑应有的理想状态。因此，它与工学相比更接近"文化科学·历史科学"的范畴。浜口将建筑学比作海上的轮船，认为它虽不能命令建筑师按照指定的路线前进，却可以从广阔的视野出发，明示这条道路所具有的意义。

文章接下来以曼谷的设计竞赛为契机，"试图思考真实浮现在我们眼前的、树立日本国民建筑样式的问题"。其切入点是，对什么是建筑样式，和日本过去曾有过怎样的建筑样式这两个问题进行分析，在参照美术史的理论的同时，指出存在两类捕捉样式的方法。

第一类是沃尔夫林[1]与保罗·弗兰克尔[2]等人，以敏锐的眼光发掘的，与创作者的意图无关、具有共通的外在特征的样式概念。第二类是以李格尔[3]与沃林格[4]等人为代表的维也纳美术史学派提出的，基于创作者的"艺术意志（Kunstwollen）"的样式概念。文章指出，在思考当下日本的实践问题之时，相对于前者预先设定的从远离当事者的时代出发的视角，贴近创作者、考虑制作人意图的后者更具意义。

浜口虽然试图从第二种类型出发，考察过去的建筑样式，不过由于日本建筑史是一门由第一种类型发展而来的学科，导致他没有可以参考的前人成果，唯有亲自展开调查。他感到在面对"建筑意志"之时，仅凭对过去遗构的观察，不足以了解当时人们的想法，必须同时借助诗歌、书信、日记等文字资料对其进行解释。他还选择了从世界建筑类型论的立场出发，考察日本过去的建筑样式的道路，并将其与西洋建筑进行比较。这样做的原因在于，为了树立日本国民的建筑样式，"需要极为深入地观察现代日本建筑的内

1　海因里希·沃尔夫林：瑞士艺术史学家，西方近代样式理论的奠基人。

2　保罗·弗兰克尔：奥地利艺术史学家，因建筑史与建筑原理的著作而闻名。

3　阿洛伊斯·李格尔：奥地利艺术史学家，维也纳艺术史学派的代表人物，西方近代艺术史的奠基人之一。

4　威廉·沃林格：德国艺术史学家，当代美学中的"抽象说"的代表人物。

核，而作为外来事物的'西洋建筑'，更是我们必须坚定不移地探讨的问题"。

浜口认为，分析古罗马的维特鲁威的言论可以发现，西洋的建筑样式是以柱子为象征的样式，即彻底崇拜"物体性、构筑性"。他还谈到将古代神殿与石材构筑的可能性发挥到极致的哥特建筑，和讲求造型之美的文艺复兴建筑，并认为它们有别于为人的行为服务的"空间性"。这并不是说西洋之中没有"空间性"的存在，但其价值无法与压倒性重要的"物体·构筑"相媲美。

空间理论派系的课题讨论

那么，日本的情况又是怎样的呢？日本建筑史以西洋的分析手法，重点关注了屋顶的类型、檐头周围的构成等形式，或千木、斗拱、月梁等部位。不过浜口表达了"我等从根源上对此抱有怀疑"的意见。于是他说道："如果可以捕捉到前人建筑意志的倾向，那么这种方向性必将改写日本建筑样式史的整体形象。"

浜口在当时有限的文字资料中，注意到了从前的日本人用来描述建筑的"根源性的语言"——间面记法[1]。举个例

1　间面记法：日本奈良时代至南北朝时代记录建筑平面、规模、形式的表达方式。

子，记述为五间四面[1]的建筑，其"母屋"（内阵）在房檩方向的柱间为五间，并在四个方向设有"庇"（外阵）。相对于维特鲁威以物体——柱——为基准的记述方法，日本的记法就像"七间二面"一样，是对柱间的数量也就是对"间"的记录。浜口从这一点出发，指出了日本建筑与西洋的不同之处，也就是对空间性的关注。

浜口接下来围绕近代之前的日本不存在类似西洋的"architecture"概念的问题展开讨论。虽然"architecture"在明治时代被翻译成了表现构筑性的"建筑"一词并沿用至今，不过浜口关注的是在"建筑"一词出现之前，用于学科与学会名称之中的"造家"。按照他的说法，"家"字不包含结构的意义，而具有居住"用途"的含义，不如说与行为性、空间性存在重合。此外，藤原道长[2]与鸭长明[3]的文字，也指出了居住"行为"的重要性。他们的理由出自

1　五间四面：间面记法的应用实例。中世前期为止的建筑，其室内平面由"母屋"与"庇"两部分组成。母屋（寺院建筑中称为"内阵"）指平面中心部分的一圈柱子围合形成的空间。庇（寺院建筑中称为"外阵"）指母屋的柱子至建筑外墙的柱子（通常为一跨）之间的空间。如母屋（内阵）的面阔（房檩方向）为五间，则记为"五间"，其进深（房梁方向）多为二间，故省略不记。庇（外阵）可在母屋（内阵）的四面自由设置，如四面均设置，则记为"四面"。故五间四面的建筑，总面阔为七间，总进深为四间。

2　藤原道长：日本平安时代的公卿。

3　鸭长明：日本平安时代末期至镰仓时代初期的作家、诗人。

木材与石材的对照：石造建筑是构筑性的建筑，而轻柔的木材不会以极致的构筑性作为目标。滨口也对桂离宫赞赏有加，并认为日光东照宫"对物体性、构筑性有着不知疲倦的错位崇拜"，实为失败之作。而另一方面，寝殿造是有着明确的行为性、空间性的建筑。

从间面记法中推导出"间"的概念，或从言语与文字中推导出"行为、空间"的特性，恐怕是这篇论文最重要的成果。

这种视角也在战后得到了继承。其中著名的是，矶崎新在20世纪70年代于巴黎策划、后于世界巡展的展览"间"。按照他的话讲，展览"展出了当下的时空概念的差异化存在——与外来的目光看到的'日本'不同的事物"，进而将其分解为"神篱"[1]"更迭""寂"等九个概念，同时还邀请了艺术家与设计师参加。[2]矶崎通过展览，向海外介绍了这些与"间"关联的、没有按照"时间"与"空间"拆分的日本概念。

同样重要的还有神代雄一郎于1969年发表的《九间论》。

---

1 神篱：在神社与神坛之外的场所举行神道的祭祀仪式之时，由注连绳（稻草织成的绳子）等神具围合的，供神明临时依凭的空间或物体。

2 矶崎新：《反回想Ⅰ》，2001年。——原注

他关注了三间四方 [1] 的正方形房间在日本建筑的各个领域中出现的事实。[2] 有趣的是，神代虽然同样指出了柱间的计数方法，却是从设计理论的角度，而非历史学的角度展开的讨论。这种超越时代与用途的差异，寻找相同形式的论述方法，与柯林·罗的《手法主义与现代建筑》[3] 有着相似的态度。另外，井上充夫在《日本建筑的空间》（1969 年）中，采用了与浜口一样的西洋美术史的视角，并以此开创了独自的建筑理论。这是一部脱离了细枝末节，真正论述日本建筑"空间"历史的著作。书中提炼了与单纯的几何学不同的、具有拓扑学的连接关系的"行动的空间"概念。

战时日本建筑理论的局限

回到浜口的论文。他在文章的结尾，论及了在设计竞赛中登场的帝冠样式。他以曼谷的设计竞赛中也出现了"以我国独有的传统建筑样式为基调"的募集规定为例，提出了如何解释传统的问题。此次竞赛的显著倾向是，参赛方案多以物体性、构筑性的元素，即以造型的表现讴歌日本

1　三间四方：能剧舞台的标准形制，即边长为"三间"的正方形舞台（面积约 5.4 ㎡）。舞台四角立有四根柱子，其背面为布景，其余三面开敞面向观众。

2　神代雄一郎：《间·日本建筑的意匠》，1999 年。——原注

3　伊东丰雄、松永安光译，1981 年。——原注

精神。但这些不过是明治时代才开始出现的思维方式。

浜口认为，近代以前的"建筑意志"，曾具有"行为性、空间性"的特点。然而，当下的日本却以移植的西洋思维方式为根基。由此看来，应当以否定的态度看待设计竞赛中出现的倾向。例如，某方案中的各建筑单体，分别参考了桃山时代的城郭、桂离宫、法隆寺与二条城等建筑，展现出了极为混乱的形象。

于是浜口对其做出了以下回击："与其他任何事物相比，首先必须要做的是从真正意义上掌握我国的建筑样式。"由此看来，前川与丹下"基于对日本建筑传统的崇拜，就如何形成行为性、空间性的元素的课题，走上了倾注其心血的正路"。不过，相对于前川的非对称性的方案，丹下的方案呈现出对称的构成，从而具有"威严"感。因此，"丹下的日泰文化会馆（作者注：曼谷日本文化会馆）的建筑，作为行为性、空间性的元素与构筑性、物体性的元素的统一体，将在肃然的祭祀日呈现出最精彩的效果；而前川的建筑，将在大量人群欢聚于此的日子里，显现出最精彩的形象。"它们二者之间存在对照的关系。前川体现了功能性与进步性，而丹下体现了纪念性与复古性。

这是在当时言论管制的时局之下，以几近踩线的尺度拥护现代主义的日本建筑理论。现在看来，行文中也确实存在偏执之处。例如，在"真正意义"上的传统建筑样式的措辞之中，可以发现其视自己为真正的爱国者，并以此否定他人的逻辑。这或许就是为了批判狭隘的民族主义，而不得不抛出更加狭隘的民族主义式言论的悖论。另外，前川与丹下均未提交纯粹的现代主义的设计，至少他们都使用了和风外观的屋顶，物体性、构筑性的元素也在建筑的形象中占有很大的比重。

另外，浜口的议论从一开始就与其批判的日本建筑史的起源一样，受到了西洋美术史与美学的强烈影响。单纯通过与西洋的比较，令日本特质浮现的二元对立的结构，也体现出其视野的狭隘与恣意。当然，在他之前，还有伊东忠太与岸田日出刀等人通过与中国的比较，探讨了日本建筑的特性。例如，有论调认为过度装饰的、曲线的中国建筑的反面，是简素且直线的日本建筑。不管怎样，他们在抱有时代的局限性的同时，推动了日本建筑理论的发展。另外，与实现了帝冠样式的 20 世纪 30 年代不同的是，此次设计竞赛的应征方案未能获得实施。

京都迎宾馆

第九章

皇居·宫殿

1 新的宫殿

京都迎宾馆的高科技派和风

迎宾馆是通过晚宴与住宿等形式，招待外国元首等国宾级人物的设施。目前符合这种要求的有迎宾馆赤坂离宫与京都迎宾馆。总之，迎宾馆是象征着国家颜面的建筑。

迎宾馆赤坂离宫于 1909 年作为东宫御所[1]（后来的赤坂离宫）建设，为了表现可与欧美分庭抗礼的日本形象，采用了威风凛凛的新巴洛克样式，并在战后经改建成了迎宾馆。另一方面，新建于 2005 年的京都迎宾馆，则以当今时代下的日本建筑为目标。根据内阁府网站的介绍，"建设京都迎宾馆的初衷是，在象征日本历史、文化的都市——京都，用心款待来自海外的宾朋，以加深其对日本的理解与友谊"。

1　东宫御所：皇太子（东宫）的宅邸。

它是一座和风建筑，其设计工作由在设计竞赛中当选的日建设计负责。这是一家能够承接高层建筑、东京晴空塔与扎哈·哈迪德的新国立竞技场方案等各种类型的设计工作，代表了日本设计高水准的大型建筑设计公司。

京都迎宾馆的设计特征是将建筑整体控制在一层以内。要想在有限用地内加入所需的功能，多会采用两层以上的建筑体量。为了避免这种情况发生，设计者采用了与迪士尼乐园相同的手法，将绝大多数的服务功能放到地下。回顾历史可以发现，除了城郭与无人居住的高塔等特殊构筑物外，日本建筑中再没有过其他高层建筑的形式。如果采用两层以上的结构，横向与竖向的比例将变得难以处理。这样看来，设计之所以选择单层结构，还有强调屋顶的正曲线条与屋檐的水平线条之美的用意。

京都迎宾馆中面向中庭的雁行走廊，虽然像典型的日本空间一样有着开放的视野，却都被安上了不可开启的大型玻璃窗，以达到物理上的隔断效果。扬声器作为替代手段，将室外的潺潺水流等自然声响传递至室内。这座设施的性质决定了它需要最高级别的安保措施。因此，自沙林事件[1]之后，为防备从外部投掷毒气的攻击行为，可密切监控空

1　沙林事件：奥姆真理教在日本策划的多起毒气事件。

气流通的设备也成了标准配置。据说位于用地角落的堆山，还能起到人造工事的作用。可以说，这种安全措施的堆叠，使京都迎宾馆成为一座以安全性为主题的主题公园。

不过，相对于面向大众的娱乐设施的设计经常陷入低级趣味的问题，京都迎宾馆展现出了简洁洗练的形象。当然，大师们竞相演绎的"和"起到了巨大的作用。建筑在维持最高级别的现代化安保措施的同时，没有成为粗蛮的堡垒，而是形成了一个传统内装与国宝级人物全面融合的空间。

不仅如此，铺设奥氏体不锈钢夹芯板的屋顶，以及用刨削钢管的方法制造柱子等现代技术的应用，发扬了日本建筑精致的优点。这并不是倒退的和风，而是实现了 22 米的长押[1]等极端纤细比例的"现代日本"建筑。

这是一座在普通工作中无法尝试只能在国家工程中实现的独特建筑。但是，该建筑多次应征日本建筑学会奖（作品奖）却屡遭淘汰的结局，引起了讨论。传闻意匠系的评委就其保守的和风外观显露出难色，估计是将它视为了对日本特质的俗套表现。笔者曾因日本建筑大奖的评审工作，到访并参观过这座建筑，认为其有趣之处在于，作为一座

1　长押：日本传统建筑中，两根柱子间起结构加固作用的横板，中世之后逐渐失去结构作用，成为墙面的装饰线条。

京都迎宾馆（由最尖端的高新技术支持的传统日本建筑营造）

和风建筑，拥有过去不曾有过的更加细长的比例，实现了高科技与和风的乖离与共存。

昭和的宫殿重建计划

1945 年 5 月 25 日夜间，东京的空袭烧毁了位于霞关的政府官厅区域，火势向着皇居蔓延，并将和洋折衷的明治宫殿[1]化为了灰烬。这是一座单层的木造建筑，其中只有混凝土结构的静养室与掌管餐食的大膳未被烧毁。重建宫殿

---

1 明治宫殿：明治时期于江户城（后来的宫城、皇居）中修建的宫殿。由表向宫殿（前朝）与奥向宫殿（后宫）两部分组成。

的呼声在战后开始高涨，选址问题也成了媒体谈论的焦点。

当时还出现了呼吁皇居向市民开放的声音。如今，多少弥漫着一些对这种言论的忌惮气氛。例如，建筑史学家藤森照信谈到，在皇居前广场上方"笼罩着一层禁止某些行为发生的负能量气体"。就连破坏日本城市的怪兽哥斯拉，也在从海上登陆之后，绕过了明明没有障碍物阻挡的皇居，向着新宿进发。每年由建筑专业学生产出的大量毕业设计也是如此，对涩谷与新宿的提案成了永恒的主题，却没有一个人提交与皇居相关的项目。不对，或许学生们连禁忌的意识也没有。对他们而言，那里可能原本就是不存在的场所。

但是在战后的那段时间里，虽然国民刚刚从束缚他们的战时意识形态中获得解放，情况却很快变得与今日不同。丹下健三在1957年做出了以下发言："我想将它改造为一处文化中心。那里将会有公园、美术馆与图书馆，还要发扬今日的武藏野的自然情趣，同时令其成为国民的共同财产。"（《丹下健三》）于是他披露了改造包括皇居在内的整个山手线区域的想法，以及考虑到汽车尾气过多、居住环境恶劣，希望皇居搬迁至别处的请求。现在已经很难想象会有知名建筑师发表开放皇居的言论了。

丹下在 1958 年又一次提到了希望开放宫城[1]的想法：打算在其中设置购物中心与商务中心等设施，"基本上想保留宫城的原貌，不过要增加一条将其贯通的道路"。也就是将宫城作为文化中心和市民的休闲场所，并在周围建设高层公寓。另外，当时的皇居前广场，还拥有国际劳动节等民主主义运动会场的功能。总之，在过去可以自由地围绕皇居展开想象。

不管怎样，关于新宫殿的讨论，虽然因为东京的过度密集化与环境恶化的问题，出现了京都、富士山麓或地下等候补选址的意见，但最终还是集中在了以国会议事堂为首的政府机关的聚集地——东京。另外，丹下的"东京计划 1960"（1961 年），在提出使用科幻的巨型结构进行大规模城市改造方案的同时，并没有对皇居下手。还有前川国男在 20 世纪 60 年代后半期设计东京海上大厦之时，因大楼可以俯瞰皇居而遭到了批判，最终，建筑的高度也受到了限制。

1　宫城：江户城在 1888 年建成明治宫殿后改名为宫城，后又在 1948 年改名为皇居。

如何处理新宫殿的建筑

到最后，国民发起了为重建宫殿募捐的运动。为了防止事态向着奇怪的方向发展，以及随之出现的强行请愿等弊害，政府发表了动用国库经费进行宫殿营造的讲话。在历经七次皇居营造审议会议后，以下关于样式的汇报被提交到了总理大臣的手中："重视日本宫殿的传统，具有深远的出挑，加载瓦面坡屋顶的型钢混凝土结构的现代建筑。"在同样于战争中烧毁的明治神宫的重建（1959年）过程中，岸田日出刀在营造委员会上，坚持哪怕存在火灾隐患也应使用木结构重建神社的主张，并最终令其按照木造建筑实施。与此相对的是，委员会决定将昭和宫殿[1]建造成一座不燃的建筑物。[2]

岸田继承了最早修建明治神宫（1920年）之时，提倡神社木造论的伊东忠太的志向，还有过"真正的神社建筑必须是木造建筑"的发言。伊东曾经谈到，神社作为日本的固有建筑，与从中国引入的佛教寺院不同，不应随时代的变迁发生变化或进化。另外，在1904年临近伊势神宫的式年迁宫之际，由于木材获取困难，明治天皇收到了从今

1　昭和宫殿：即文中的宫殿或新宫殿，现在的皇居中的主要建筑群。

2　五十岚太郎：《新编 新宗教与巨大建筑》，2007年。——原注

往后不再使用扁柏，改用符合文明开化形象的混凝土材料的提案。据说天皇对此的回复是，希望守护"祖宗建国的身影"[1]。

临时营造局长高尾亮一就汇报中关于样式的章节回忆道："它在之后给我带来了巨大的麻烦。"[2] 他曾这样写道："虽然乍看之下不是什么大不了的文字，不过什么才是'日本的传统'呢？即便文中试着举出了京都御所与明治宫殿两个代表性的例子，但二者又是完全异质的存在。更麻烦的是，这些又如何与'型钢混凝土结构的现代建筑'结合呢？"

于是高尾以宫殿原本就没有固定样式为由，死死抓住了"现代建筑"这根救命稻草。也就是说，宫殿是对它所处时代的集中表现。只不过，"我希望宫殿足以成为一国之表征。所以它必须是反映现代日本所拥有的最高技术成就与艺术水准的建筑。"看来他已经意识到了探讨"日式"的难度。

话虽如此，国籍不明的事物并不适合应用于日本的宫殿之中。《周刊读卖》的新宫殿特辑也指出，赤坂离宫是对西洋的复制，而不是根植于日本传统的建筑。因此高尾认为：

1　约翰·布林：《神都物语》，2015 年。——原注
2　高尾亮一：《宫殿营造》，1980 年。——原注

"如果建造只有日本人才能够完成的宫殿，反过来也是对世界文化的贡献。"从结果上看，这是与平成时代的京都迎宾馆相似的态度。

昭和宫殿虽然采用在混凝土的平屋顶上加盖坡顶，或以铜板包覆柱子等现代手法处理材料，但其外观依旧呈现出保守的和风样式。在功能方面，它与明治宫殿的区别在于不包含居住的部分，是用来举行国家活动的公共场所。另外，与具有南北向的中轴线和左右对称布局的明治宫殿相比，昭和宫殿极大程度上打破了对称的构图。这是一座与威严相比，更注重亲切感的建筑。

太田博太郎曾有过如下论述[1]：虽然历代宫殿的整体规划受到了中国大陆的影响，但日本的固有样式历经漫长的岁月，通过每一个具体的建筑流传到了近世。它在教示我们住宅的传统何其根深蒂固的同时，也诉说着日本摄取外来文化的行为，不会止步于通过样式的选择完成的单纯模仿。

此外，据说昭和天皇虽然经常视察施工现场，却完全没有干涉作为公共场所的宫殿的规划。另一方面，他曾对作为私人生活场所的吹上御所（1961 年），反复表达了希望将

---

1 见太田博太郎：《日本宫殿的样式与传统》，载《周刊读卖临时增刊 特辑新宫殿》。——原注

面积压缩至最小限度、避免奢华行为的意愿（《宫殿营造》）。那是一座非和风的、二层钢筋混凝土结构的现代主义建筑。

宫殿问题与建筑师的职能

当时还考虑过由建设省负责宫殿工程，不过由于宫殿的特殊性质，最终还是交给了宫内厅[1]负责。于是吉村顺三在 1960 年接受了方案设计的委托，施工图设计则由临时皇居营造部完成。正如国会给出了"迁延日久"的批评一样，宫殿总共花费了五年的设计时间与四年的施工时间，才在 1968 年 11 月于明治宫殿的遗迹上落成。这是一座地上两层、地下一层，加载了出挑深远的坡屋顶的型钢混凝土结构的建筑，并附带中庭、东庭、南庭与地下停车场等设施。由于高尾的坚持，建筑工程没有按照会计法要求的竞价方式招标，而是从实际工程业绩的角度出发，委托了五家大型总承包商负责。室内装饰方面，还有负责壁画的东山魁夷与负责照明的多田美波等美术家参与进来。虽然当初的工程预算为 90 亿日元，但是由于物价的增高与人工费用的上涨，建设费用最终暴涨到了 130 多亿日元。要知道，当时

1　宫内厅：掌管天皇、皇室与皇宫事务的日本政府机构。1949 年之前为宫内省。

一架喷气式飞机的价格为 30 亿日元。

1964 年 6 月发生了吉村要求辞去设计师一职的新宫殿问题。这件事在新闻界闹得沸沸扬扬，而高尾也对这些人急于做出好坏评判的做法提出了忠告。吉村辞职的理由是，由于与宫内厅的意见相左，他无法彻底履行设计的职责。例如，围绕天花的面层做法、梁柱的外部装饰与型钢采购的分歧，以及使用特种规格木材的需求由于经济性的原因而遭到拒绝等。[1] 因此吉村认为："宫内厅当局忽视了他身为建筑师的艺术良知。"

另一方面，高尾就吉村在成本管理与现场监理方面要求自主裁量的立场表示，因国家工程的关系，"出于核算国家开支的责任，无法同意这种要求"。此外，据说吉村虽然绘制了格调高雅的对称构图的图纸，但是由于宫内厅的修改，使其受到了一定程度的破坏。[2]

也就是说，这是方案设计与施工图设计的认知差异。吉村按照欧洲建筑师的形象拟定了自己的角色，试图对调查研究、方案设计、施工图设计、施工监理等一连串工作中的全部事项负责，并发挥总指挥的作用。而另一方面，

1　吉村顺三：《新宫殿问题的探索》，载《新建筑》，1965 年 9 月刊。——原注
2　见《周刊读卖临时增刊 特辑 新宫殿》。——原注

宫内厅出于对国家工程的考量，认为有必要妥善处理财政的问题。这样看来，该工程可能并没有在事前明确约定设计合同的内容与条件。这暴露出形式上的官僚主义，以及办事流程不够公开透明的问题。建筑师在日本的暧昧立场，在新宫殿的设计中体现了出来。

　　浜口隆一从新宫殿问题出发，指摘了建筑师的职能问题，并提出了以下意见[1]：国家工程应当举行公开的设计竞赛；应当在业主、国家、建筑师之间建立协调机制；应当积极看待来自建筑师这一职能群体的提案等。在新国立竞技场的问题上，也同样出现了将建筑师当作服务商对待的日本，与在尊重建筑师的英国建立根据地的扎哈·哈迪德之间的龃龉。令人遗憾的是，直到半个世纪之后的今天，新宫殿问题的困局仍然没有得到解决。

2 明治的国家事业——宫殿营造与赤坂离宫

明治的全新挑战

　　时代由江户变成了明治，天皇将从京都出发行幸东京，

---

1 见《新建筑》，1965 年 9 月刊。——原注

随之而来的是其新居所的准备工作。然而，由于事出突然，起初并没有进行新皇居的建设，而是改称江户城为东京城、皇城，并请天皇居住于将军的府邸之中。但是到了1873年5月，西之丸御殿在因女官的疏忽引发的火灾中烧毁。因此，到了必须建造服务于近代天皇的全新设施的时候了。

另外，天皇虽然在明治宫殿完成之前，居住于充作临时皇居的赤坂离宫[1]之中，但它充其量是对纪州藩的老旧宅邸进行增改建后的建筑。就像皇居御营造事务副总裁宍户玑所说的那样，这里并不是一处适合举办国家活动的场所，因此建造在外国人面前也能撑起门面的、壮丽的新宫殿就变得迫在眉睫。[2]然而，其设计却始终无法定稿，当它几经周折终于完工时，已经是火灾发生15年后的1888年了。

建筑史学家桐敷真次郎在《明治的建筑》（1966年）中"皇居营造与样式论争"的段落里写到，宫殿的重建是对明治中期的建筑界而言最为重要的课题之一，因为"王宫无论在哪一个国家，都会成为代表其所处时代的建筑作品"。实际上，与闭关锁国的江户时代不同，由于明治时代出现了与他国的外交，因此必然会存在拿明治宫殿与欧洲的王

1　赤坂离宫：此处指的是旧赤坂离宫，即纪州藩的宅邸。1909年在其用地之上又重新建成了西洋样式的赤坂离宫，也就是现在的迎宾馆赤坂离宫。

2　T. Fujitani：《天皇的盛装游行》，1994年。——原注

宫做比较的情况。于是设计不光需要表现出与西洋对等的意义，还会被要求回答"日本特质为何物"的问题。

明治宫殿最终还是形成了模仿京都御所的和风外观。不过，其室内也混入了西洋的意匠与生活方式，例如四周下卷的井字形天花与壮丽吊灯的组合。因此，建筑史学家铃木博之指出，其特质在于层叠性的表现——在"和样"上叠加西洋宫殿的意匠的做法。[1]

另一方面，作为正统的洋风建筑登场的是赤坂离宫(1909年)。以巴黎歌剧院与德国国会大厦等建筑为代表的新巴洛克风格，曾流行于19世纪的西欧，也在日本被广泛应用于明治后期的大型建筑之中。赤坂离宫就是其中的代表。桐敷曾谈到，要将它打造为"明治建筑最重要的纪念碑"，这是"赌上日本建筑界的名誉，集结一切力量的重大事业"，也是"对从幕府末期开始孜孜不倦地建设至今的洋风建筑的技术总结"(《明治的建筑》)。

另外，这座建筑原本是为即将成年且临近婚期的嘉仁亲王，即后来的大正天皇所建的东宫御所——皇太子的居所。它在经历了昭和的大规模改造之后，从1974年起被当作国家的迎宾馆使用。虽然最近的近代建筑史并没有重点

---

1 铃木博之：《近代建筑史》，2008年。——原注

明治宫殿
上：和风的外观 / 下：引入西洋样式的室内装饰

迎宾馆赤坂离宫

提及明治宫殿与赤坂离宫，但桐敷在明治 100 周年的时间节点写下的著作中，综合考虑了设计的前卫性，以及建筑对当时社会的冲击，并在回顾这两座建筑时将它们评价为重要的国家事业。

陷入困局的明治宫殿

虽然拥有为天皇建设新居所的明确目标，但明治宫殿的建设工程却陷入了严重的困局。这里将以铃木博之主编的《皇室建筑》（2005 年）等文献为依据，对事情的经过进行回顾。这或许会令人联想起新国立竞技场的情况。

虽然项目建设受到了西南战争[1]等政局动荡因素的影响，不过其历经漫长岁月才得以竣工的主要原因，还是和风与洋风的激烈拉锯。当时正处于现代主义诞生的前夜，所以不存在如何将无国籍的现代主义与日本特质融合的课题。起初，当局在 1876 年委托法国建筑师波昂维尔设计了新巴洛克样式的谒见所[2]等建筑，并在同年 9 月于赤坂离宫的用地内动工。但工程因增加的建设费用和砖墙中出现裂缝的致命问题而被叫停。砌体结构的可靠性，在地震灾害多发的

1　西南战争：1877 年于今天的熊本县、宫崎县、大分县及鹿儿岛县发生的，以西乡隆盛为盟主的士族叛乱。

2　谒见所：即赤坂离宫与后文明治宫殿中的正殿，谒见所为营造时的称呼。

日本受到了怀疑。可以说这是一种具有预见性的不安。后来在1891年发生的浓尾地震，令西洋风的建筑遭受了巨大损失，日本也以此为契机开始了独立自主的抗震结构研究。

不管怎样，随着赤坂离宫计划的搁置，当局重新研究了皇居的用地，并于1879年做出了在西之丸区域内建设西洋风的谒见所与宫内省厅舍，和在山里区域内建设日本风的奥向御殿[1]的决定。前者由拥有御雇外国人的工部省承担，后者由宫内省承担。但是，经过地质勘查后发现，当地的土质并不适合建设石造建筑，于是1880年又做出了在西之丸区域内建设木造的和风宫殿的决定。

不过，由于洋风建筑的推行者榎本武扬与营造项目的牵扯，使得洋风宫殿的方案再次浮出水面。1882年形成了在山里区域内建设由御雇外国人乔赛亚·康德设计的洋风谒见所，和在吹上区域内建设奥向御殿的决议。

然而，又一次出现了变更的议论。其起因是，山里的谒见所被认为不适合作为皇居的正殿使用。据说康德曾被要求沿袭布安维尔的赤坂谒见所的方案。他虽然提出了只要收回这项要求，就可以设计出合适的皇居正殿的主张，却没有获得当局的认可。康德为了消除抗震上的缺陷，还提

---

1 奥向御殿：明治宫殿的奥向宫殿（后宫）中的建筑。

交了砖混结构的设计方案。

1884 年的最终决议为，在西之丸区域与山里区域建设木造的和风宫殿。虽然庞大的建设成本被视为采用木造的原因之一，但桐敷认为砖混结构技术在当时已日趋成熟，而木造宫殿每坪 600 日元的造价也算不上便宜。宍户玑主张工程应在颁布明治宪法、组建帝国议会的 1890 年之前完成（《天皇的盛装游行》）。另外，当初计划的 250 万日元的皇居营造费用，实际结算约为 396.8 万日元。就算有来自民众的捐款，考虑到当时国家 6 000 余万日元的收入，也是一笔数额巨大的花销。

相对于木子清敬等人设计的使人联想起京都御所的和风外观，明治宫殿在室内使用了折衷的意匠，令新意匠与旧传统交织的同时，孕育出"新的传统"（《皇室建筑》）。此外，多数房间的地面上铺设了地毯而非榻榻米，生活方式也是椅子式为主导的洋风形式。这无疑是一座近代的建筑，因为体现西洋风格的内装在明治之前是一件难以想象的事情。

外国设计者与国家工程

如果梳理这一连串的经过，可以将其总结为方案的三次反复，即布安维尔方案→木造方案→康德方案→木造实施方案。它体现了对于是否启用御雇外国人——开启了日本建筑近代化进程的群体——的犹豫，和最终将他们排除在外的决定。也就是说，所谓和风还是洋风的结构，既是对木结构或砌体结构的选择，也是对日本设计者或外国设计者的选择。

铃木博之认为，历史上共有四次外国建筑师赴日工作的风潮[1]:明治时期的御雇外国人，大正时期开展实际业务的美国建筑事务所，战前因在本国难以为继而旅居日本的设计者（赖特与陶特），以及泡沫经济时期相继访日的世界知名建筑师。由此看来，木质结构的皇居营造赶上了第一次风潮。而另一方面，与吉村顺三有关的昭和皇居营造，则处于海外建筑师作品稀少的低潮期。虽然21世纪的日本在全球化的影响下，很可能像世界各地正在发生的那样，出现第五次风潮，但是日本就像它在新国立竞技场问题上排挤扎哈时的表现一样，正在选择一条走向封闭的道路。

从传统论的角度看，明治的皇居营造以和风与西洋的拉锯为特征，同时还直接受到了置国家颜面于何地的考问。不过，明治时代与天皇相关的项目中，至少可以确定不存在由上至下的硬性要求，因为面对天皇的地方巡幸，这个近代才开始出现的新兴活动，国家一开始并没有颁布具体

1 《日经建筑》，1988 年 8 月 22 日。——原注

的指导意见，各地必须自行考虑以什么样的空间迎接天皇的到来。

小沢朝江在《明治的皇室建筑》（2008 年）一书中，详细研究了各地的事例。根据她的考证，为明治天皇巡幸新建的行宫与休息处，有着超越地域差异的共同点。它们几乎都是和风建筑，天花板与屋顶的高度也被特意加高。而天皇对椅子式的西洋生活方式的实践，是后者的成因之一。此外，仿照御所与神社的意匠也在建筑中随处可见。也就是说，与考虑了舒适度的临时生活场所相比，"对服务于天皇这一特别人物的建筑'规制'的表现，成为最受重视的要点"，建筑成了"与收纳御神体[1]或佛像的神龛相近的存在"。小沢指出，当时普遍将天皇等同于神明的认识，是此类创作的原点。

以洋风建筑为目标的赤坂离宫

不过，札幌的丰平馆与鸟取的仁风阁等洋风行宫也同样著名，被称为地方鹿鸣馆的洋风建筑，也有了在天皇巡幸的目的地推广的机会。根据小沢的记述，虽然洋风建筑作为行宫与休息处使用的情况十分少见，不过在天皇视察的各地学校、县厅、法院、医院与郡立设施中却占有压倒

1　御神体：神道教中神明寄宿的物体。

札幌·丰平馆

鸟取·仁风阁

性的数量。特别是三岛通庸在山形县的大力操办，使得洋风化运动在天皇巡幸前有了急速发展。这些都是为了向天皇展示地方治理成果的建筑。

另一方面，嘉仁亲王的国内巡启，多使用公共设施作为行宫，且其中半数以上的公共礼堂与迎宾馆为和风建筑。小泽表示，这种变化体现了甲午战争与日俄战争之后，国家意识高涨的时代背景。另外，皇太子的行宫也开始重视其作为生活空间使用的舒适性，小泽从不同地区有着统一的建筑平面与室内材料做法的事实出发，推测宫内省在当时制定了相关的指导意见。也就是说，天皇在日本全国的活动，令洋风建筑得到了推广的同时，创造了思考什么才是和风的契机，从而孕育出了新的传统。

应当将迎宾馆赤坂离宫视为明治之后的日本人对西洋建筑的学习成果的汇报演出。这是一项即便没有外国人的参与，也可以依靠日本建筑师与美术家集结而成的全日本阵容，创造与西洋匹敌的高规格建筑的工程。宫内省内匠寮技师片山东熊在设计之初，前往欧洲考察了各地的王宫，并采购了机器设备与装饰品。迎宾馆的新巴洛克建筑样式，也被认为受到了卢浮宫、凡尔赛宫以及有着曲面外墙的维也纳霍夫堡宫的影响。

工程从设计开始直至完工，总共经历了15年的时间，并花费了 500 万日元的建设费用。建筑的外观呈现出强烈的对称构图、基于古典主义的华丽设计，以及双柱式等彻头彻尾的西洋风格，室内空间也充斥着巴洛克式的大楼梯、吊灯、壁炉台等宫殿风格的装饰。不过如果仔细观察建筑的细部，就会发现除了仿照伊斯兰风格的吸烟室外，还使用了令人联想到天皇的新式和风意匠及日本画与传统工艺品。建筑结构方面，在砖混结构的基础上加入了具有抗震加固作用的型钢。

尽管如此，这座建筑原本是为嘉仁亲王建造的东宫御所，就生活空间来说，并没有如此全方位地贯彻西洋风格的必要。铃木认为，该建筑显然在设计之初就兼具今日的迎宾馆的性格（《皇室建筑》）。因此，皇太子的居住功能被放在了一层，登上位于建筑中央的壮丽的台阶，将会到达二层的迎宾空间。结果由于明治天皇去世，导致皇太子失去了在此居住的机会，后来的昭和天皇也只在这里度过了五年的时光。这座建筑实际上一直作为迎宾馆发挥着它的作用。建筑虽然没有太多作为生活空间使用的历史，不过其一层的平面设计却十分有趣。它有效地利用了左右对称的平面布局，将东侧与西侧的空间单独分配给了皇太子与皇太子妃，并在两翼单独设置寝室与卫生间，形成了成对出现的功能配置。

小沢指出，在此之前包括明治宫殿在内的天皇建筑，都是按照前朝与后宫的关系确定天皇与皇后的生活空间的位置，并且二者的面积也存在差异。与此相对的是，东宫御所中出现了划时代的男女左右对称的布局。就像是要强调这一点一样，室内意匠还使用了比翼鸟的主题。即便是在西洋的王宫之中，也不存在这种左右完全相同的空间。他还指出，皇后的形象在进入明治时代之后发生了巨大的变化，成了需要时常在人前露面的公众人物。夫妇二人在国际外交场合的同时出席，想必也对这种平面布局产生了影响。

顺便一提，嘉仁亲王与节子[1]在1900年的婚礼，成了大众了解神前式[2]的契机。作为男女伴侣的天皇与皇后，也是近代创造出的形象。明快地呈现这一理念的建筑是西洋风的宫殿而非木造宫殿。日本在引进新规制的西洋风格的同时，仍然在现代沿袭了需要脱鞋进入的榻榻米式的居住空间，体现出按照不同场合使用和与洋的双重性格。不过，天皇作为日本传统象征，由于公众人物的身份，不适宜在公共场所脱鞋，因此出现了对洋风空间的需求，并使其进一步实现了与和风元素的复杂融合。

1　节子：贞明皇后，嘉仁亲王之妻，即后来的大正天皇的皇后。
2　神前式：在神社举办的日本传统婚礼。

国会议事堂

第十章

国会议事堂

1 象征国体的建筑

世界上的议会建筑

2014 年的威尼斯国际建筑双年展，明确强调了建筑为主角、建筑师为配角的基调，其中奥地利馆展出了十分有趣的内容。展览选取了"权力的场所"——议会建筑的主题，并在一整面墙上排布了世界各国的议会建筑模型。模型有着相同的比例，使得它们的大小与形态差异一目了然。难以置信的巨大建筑与令人惊奇的设计，使参观者意识到了世界竟如此多样。

模型旁边虽然没有文字说明，不过如果是日本人的话，一定会很快发现其中的一个正是东京的国会议事堂。这件模型虽然只简单还原了建筑的体量，并去掉了装饰性元素，但其古典的左右对称的构成与两翼的中庭，以及位于中央的阶梯状金字塔形的屋顶结构与弯曲的坡道仍十分醒目。不

2014 年威尼斯国际建筑双年展，奥地利馆

过与其他国家相比，它的规模与形态并没有太多特别之处。这种类型的议会建筑应该是19世纪的产物。另一方面，从20世纪后半期开始，还出现了几何学类型的议会建筑。

由诺曼·福斯特加建玻璃穹顶的德国国会大厦，可以说是在19世纪的新巴洛克风格的建筑主体之上，加载几何学的冠冕后形成的二者的合体。这座建筑的著名之处在于，可以从双螺旋结构环绕的穹顶内部俯视国会会场，以及针对厚重的古典主义的主体部分，展现新的民主主义的透明性。

在日本，活用电脑技术辅助设计的建筑师渡边诚，也在激烈讨论疏解首都功能的20世纪90年代，提出了由透明玻璃的细长体量与柔性连接节点构成的，无固定形态的新国会议事堂的方案。刊登在国土厅宣传册中的新国会议事堂的图片，也呈现出绿色风景环绕下的大型透明穹顶的外观。这些虽然只是假想的图像，却是对"面向国民开放的政治与行政"的直接表现。

虽然疏解首都功能的话题在后来消失得无影无踪，不过如果真要在今天建设新国会议事堂的话，这种透明的、存在感单薄的设计应该会受到追捧。不对，从一开始就应该对是否会出现有关国会议事堂的热烈讨论打上一个问号。

日本的国会议事堂

德国国会大厦在 19 世纪末竣工后，经历了以 1933 年的国会纵火案为契机的特别授权法的制定，后在第二次世界大战中成为敌方攻击的目标并化为废墟，又在两德统一后接受了玻璃穹顶的改造，是一座生动地记录了 20 世纪历史的建筑。

回过头来看一下日本的情况。虽然国会议事堂曾在战时为躲避空袭，被涂成了便于伪装的黑色，也在今天成了人们举行游行活动时的集会场所，却不像德国国会大厦那样留有直接的历史印记，竣工之后也没有太大的变化。反倒是在竣工之前，经历了十分有趣的漫长过程。顺便一提，这座建筑从 1886 年的最初提议开始，经过半个世纪的时间才变成现在的模样，光是建设工程就耗费了 16 年之久。

国会议事堂虽然是一项获得了大量建筑师的关注与辛勤付出的国家工程，但是从城市设计的角度来看，其正面缺少像样的广场的问题，或许体现了日本的国情。除了狭窄的人行道外没有其他可利用的空间，这对于游行活动而言有些捉襟见肘。有一种说法认为，广场难以在日本得到落实，而国会议事堂正好成了这种说法的典型事例。

另外，这座建筑除了勉强面向皇居的朝向之外，不存在与特定建筑之间的联系。作为立法、司法与金融中心的

德国国会大厦

国会议事堂、最高裁判所（1974 年）与辰野金吾设计的日本银行本店（1896 年）等，应被称为代表国家形象的建筑，都在按照自己的方式为此付出着努力。不过，它们没有在城市设计上形成相互协作的关系，而是以一种散乱的姿态独立存在。

话虽如此，外务大臣井上馨在明治时代聘请了德国人赫尔曼·恩德与威廉·布克曼，并要求他们制定了由恢宏的街道与建筑群构成的官厅集中规划。二人还获得了国会议事堂与裁判所的设计委托，前者提交了在建筑中央加载壮丽穹顶的古典主义方案，以及尖塔与和风屋顶的组合方案等。如果当初能够实现这些规划，那么东京也会出现像欧美一样的政治性的城市空间。

怎样的政治空间

评论家松山岩在参观国会议事堂时，虽然对"建筑中究竟加入了多少日式设计"抱有兴趣，却在"实际巡游其内部后发现，只有少数房间被施以日式的意匠"[1]。除了供天皇使用的、采用安土桃山样式（但生活方式为椅子式）的休息室，和委员长室内四周下卷的井字形天花之外，还有一些得到其认可的细部意匠，不过这些元素绝对不是随处可见的存在。

松山寻找日本特质的行为并非没有缘由。"帝冠式"一词诞生的契机，就是国会议事堂的设计竞赛。不过，实际完成的国会议事堂有着简化后的古典主义外观，并没有加载和风的瓦屋顶。不如说建筑中央的屋顶结构呈现出的阶梯状金字塔形体量才是其明显特征。正是因为其他部位的平屋顶的衬托，才会令它成为视觉的焦点。此外，建成后的国会议事堂以 65 米的高度，超越三越本店与东寺的五重塔，成为当时日本最高的建筑，直到被称为"百尺法"的 31 米

1　松山岩：《国会议事堂》，1990 年。——原注

建筑限高在20世纪60年代废除之前，一直稳坐头把交椅。因此，它确实曾在一段时间里头顶三角形的造型，以东京地标建筑的身份吸引着人们的目光。

国会议事堂是日本不曾有过的，位于皇居之上的政治体系，是具象化的、舶来的公共建筑类型。因此，就算把它当作一座彻头彻尾的洋风建筑也不足为奇。实际上，在项目启动之初，乔赛亚·康德与前述的恩德、布克曼等外国人，曾接到过设计的委托。

建筑竣工时制作的《帝国议会议事堂建筑概要》（1936年），将屋顶结构记述为"段形屋顶"。在日本的传统建筑中，应该无法找到这个词汇。铃木博之注意到，建筑通常会通过加载穿顶的方式强调其左右对称的构成，但国会议事堂却并没有这样做，于是他就这个问题展开了十分有趣的调查。[1] 大藏省[2]中实际担任此项设计的是吉武东里，而他最早提交的就是带有穿顶的方案。根据铃木的调查，吉武也曾考虑过使用像平等院一样的瓦屋顶，但最终还是决定参照古代的陵寝，选择了位于哈利卡那索斯的摩索拉斯王陵墓。铃木还将吉武的老师武田五一设计的伊藤博文铜像基座，视

1　铃木博之：《日本的场所性》，1999年。——原注
2　大藏省：即现在的财务省。

为相同形态的应用案例，并推测吉武可能在设计时想起了第一任内阁总理大臣。

各院的会场被对称地布置在了左右两翼的室内，从而使两院制的政治体系在建筑形式上得到了体现。服务于天皇的空间则位于建筑的中轴线上。从中央的玄关出发经过大厅，登上带有拱顶的巴洛克式的楼梯后，在走廊的尽端是天皇的休息室。这段楼梯不在日常的上下移动中使用，是一处仪式性的空间。建筑正面的大型接送区与中央玄关，只有在天皇参加开幕式、国宾到访以及议员在选举后首次到会的时候使用，被称为"常闭的大门"。一般情况下使用的是两翼的玄关。另外，从中轴线的楼梯的起步位置，无法直接看到天皇的房间，就连竣工时的纪念邮票，也采用了以这种构图绘制的图案。这是一处即使因参观到访也不能拍照的禁忌空间。

顺便一提，在天皇的休息室与皇族的房间正下方，是总理大臣与大臣们的房间。另外，虽然参议院与众议院的平面布局基本一致，但是只有前者的会场在其正面安放了供天皇落座的宝座，同时在后方的旁听席中央设置了御用座席。就这样，国会议事堂令天皇制与民主主义的空间叠加到了一起。

从全日本制造的意义上讲，国会议事堂学习了各国的

国会议事堂内部划分左右两翼的中央部分的拱顶

议会建筑使用本国代表性石材的经验，在 1910 年确定了使用国产石材的方针，经过大规模的全国调查与实验，从各地收集了石材标本以备挑选。例如山口县的黑发石、广岛县的尾立石、新潟县的草水御影、岩手县的紫云、茨城县的白御影、东京的青梅石、静冈县的红叶石、岐阜县的赤坂石灰岩、冈山县的黑柿等日本全国的名石，都被用在了这座建筑之中。[1] 除了一种产自朝鲜外，其余石材均为国产，

1 工藤晃等:《议事堂的石头》，1982 年。——原注

不过就当时的认识而言，朝鲜也算不上是国外，毕竟这是帝国的议事堂。另外在1970年，为纪念议会成立80周年，于前庭的散步道两侧种植了各都道府县的树木。这种做法虽然在意匠上与日式无关，但就像宗教建筑时常在营造中尝试的那样，全国参与的过程即这种叙事本身才是最重要的。

围绕日本特质的议论

在现在的议事堂完工之前，共有三次临时议事堂的建设。第一次是恩德与布克曼事务所在职的阿道夫·施太格缪勒，与临时建筑局的吉井茂则一同设计的二层木造洋风建筑。不过该建筑在1890年完工后，仅过了两个月就发生了火灾。第二次由奥斯卡·蒂茨与吉井主持，建筑依照相同形式设计施工，并经过半年时间于次年竣工。它虽然经受住了关东大地震的破坏，却在1925年因火灾烧毁。

木造的临时议事堂即使套上了洋风的外衣，却仍重复着建设与烧毁的循环，或许这才是日本特色的体现。不管怎样，第三次建设仅仅经历了三个月的突击工程，就于同年的12月完工。这次仍然是一座二层的木造洋风建筑，与其他两座临时议事堂一样，按照左右对称的形式排布两院，也不存在中心位置的突出屋面的结构。另一方面，现在的国会议事堂由于花费了大量时间才得以完成，到了1936

年竣工的时候，已经是现代主义的时代，其设计也在建筑史上落后于时代发展，成了反叛的新古典主义风格的纪念性建筑。

其建设过程也与明治时代的建筑史重叠。政府开始讨论议事堂建设的 1886 年，正是御雇外国人的时代。因此，在当时委托外国人担任设计与评委职务也是顺理成章的事情。不过，就在宏伟的计划虎头蛇尾地宣告终结，长期以临时议事堂勉强为继的日子里，日本建筑师也在逐渐提升着自己的实力。于是建筑学会的辰野金吾与伊东忠太等人，针对以妻木赖黄为中心的大藏省临时建筑部，为议会建筑的建设赴欧美考察一事，提出了应当举行设计竞赛并广泛募集方案的主张。

他们在 1908 年向《建筑杂志》投稿了名为《关于议会建筑的方法》的文章。文中写"议会建筑是我帝国的议会建筑……去海外游玩到底是何居心啊？……还是去看看最近的大作——东宫御所的营造吧"，从而表达了不依靠外国人的帮助，独自完成赤坂离宫的日本建筑师已经可以独当一面的主张。也就是说，国会议事堂是另一项为国家争取颜面、与赤坂离宫齐名的明治重点工程，而模仿西洋建筑的时代已经成为过去。稻垣荣三指出，从建筑师的这种态度中，可以感受到其在过去的两次国会议事堂营造中不曾有过的自信。[1]

于是建筑学会向媒体送达了意见书，提议举办设计竞赛。同时提出的还有不规定具体样式，以及应征者与评委必须是日本人的诉求。也就是说，建筑学会追求的是由日本人完成、为日本人服务的国家建筑。议事堂是一项必须抱有日本这一国家意识的工程。这些要求最终获得了采纳，设计竞赛也于1918年如愿举办。

话虽如此，这也意味着日本人不能再被动地采用外国的样式，必须主动决定自己的样式。虽然皇居与东宫御所的设计竞赛很难做到令所有人都有机会参加，但是国会议事堂的情况却与它不同。正因如此，才有了建筑学会举办的、主题为"未来我国建筑样式的发展方向"的著名研讨会。

2 对国会议事堂的评说

肩负建筑界未来的项目

国会议事堂的讨论进行得如火如荼之时，正是日本在甲午战争与日俄战争中取得胜利，开始抱有巨大自信的时

---

1 稻垣荣三：《日本的近代建筑》。——原注

代。既然能够取得与西方列强比肩的地位，那么建筑设计也就失去了追随外来事物的必要。虽然锁国政策使日本独自发扬平安与江户时代吸收的中国大陆文化，走上了和样化道路，不过进军亚洲的扩张主义，反倒在后来成了探索日本特质的时代背景。

日本建筑学会以国会议事堂项目为契机，在1910年举行的"未来我国建筑样式的发展方向"的研讨会，是近代建筑史教科书中必定谈论的话题。[1] 明治时代最大规模的国家建筑，创造了最大规模的讨论场所。实际上，从两次研讨会均有超过一百名会员参加的结果可以了解，当时学术气氛浓郁的建筑界对此何等重视。

在辰野金吾主持的研讨会上，各式各样的意见得到了阐明。例如，伊东忠太的进化论与三桥四郎的和洋折衷说。历史学家关野贞以能够实现"杰出的'民族样式'"为前提，整理了七个决定样式的必要因素，即地势、气候、材料、生活习惯、既有样式、与外国样式的接触、时代思潮——"当今日本国民的时代精神"，并将最后一个视为最大的要素。他在探讨孕育"国民建筑样式"的方法时举例说到，第一条道路不过是对日本式的发展，第二条道路是对西洋建筑

---

1 《建筑杂志》，1910年6月、8月刊。——原注

的日本化的尝试，而第三条道路将像新艺术运动一样，创造出新的样式，令人兴味盎然。于是他对于以过去的样式为基础，表现国民趣味的"一种清新的国民样式"的诞生充满期待。

佐野利器也赞成新的样式，并认为可以像维也纳分离派做的那样，在采用真实简明的力学表现的同时，通过"装饰国民熟知的物体，形成国民的样式"。冈田信一郎则认为更有必要对西洋与日本的建筑史进行研究，并主张其将成为解决"未来我国建筑样式"问题的手段之一。

另一方面，设计了和风的奈良县厅舍（1895年）的长野宇平治认为，国粹建筑难以在日本社会朝着西欧的方向前进的时代得到实现。"我认为就像今天的日本在军事上取得的成功一样，不能仅凭建筑外观的改变，就断言其无法体现日本人的'国民性'。"即使失去了仅靠外形表现的国民性，精神层面上的日本国粹也会像军队的情形一样，在建筑中发挥它的作用。如今西欧各国的建筑也已丧失了国民性，日本同样不可能独善其身，因此无法强行推动新样式的发展，或是进行折衷主义的尝试。在他看来，眼下正是试错的时代，只有在将来才会真正出现对欧洲建筑的接纳。横河民辅也谈到，样式并非科学，所以研讨会主题中"发展方向"的说法本身就很有问题，也不认为存在日本固有样式的必要。虽然学会并没有在研讨会上做出任何结论，不过与会人员得以在此表明了各式各样的立场。

以现在的眼光来看，应该会对直接将"国家"与"样式"联系在一起的讨论感到惊讶。另外，意匠与历史持续以问题群（Problematique）的形式存在的现象也应得到关注。其起因是，国家意识出现萌芽的 19 世纪后半期，与建筑史上的历史主义、折衷主义的时代——过去的样式百花齐放的时代——重合。不过，光是往来交错的各式意见，就令研讨会的讨论陷入了僵局。恐怕问题在于时机尚不成熟。回顾这段历史可以发现，虽然一部分发言者谈及了与过去诀别的新艺术运动与维也纳分离派，然而折衷主义已经落后于时代的脚步，建筑界正准备向着新兴的现代主义的道路迈进。只要受缚于过去的样式，无论选择哪一条道路，都会很快过时。这是一次未能获得正确答案的研讨会。从这个意义上讲，着眼于结构合理性的佐野，与谈论了国际化建筑的未来的长野，或许有着先见之明。

美术界眼中的国会议事堂

再从更广义一点的范围，回顾一下当时对议事堂寄予的期望。

伊东忠太在《议会建筑的价值》中，提出了"个人建筑""公共建筑"与"国民建筑"的分类。[1] 国民建筑是"以全体国民的利害与国民整体的趣味思想为标准的建筑物"，其中"议会建筑"与"战争胜利纪念建筑"是"最合适的例子"。伊东主张，相对于私人建筑采用私下选拔、公共建筑采用公开选拔的方法，国民建筑"必须以国家选拔的形式"，于设计竞赛中广泛征集方案。议事堂与一般的政府工程不同，其"最大价值在于，对国民的现代精神与现代趣味的表现"。它是一座"了解日本国民的品格，了解日本国民的学术素养，了解日本国民的技艺水平"的建筑。因此，议会建筑的使命是"对当今国民混沌的趣味思想的统一与新样式的创造"。神社与帕特农神庙等建筑，都是因为反映了当时的趣味与精神而令人兴味盎然，故没有模仿欧美宫殿的必要。那么，如何寻找能够表现"国民所具有的现代国家兴隆的精神与趣味"的建筑师呢？伊东主张通过设计竞赛进行选拔，而不是依靠少数人的举荐或政府的技术人员。

曾任议会建筑准备委员的塚本靖，在题为"议会建筑与我国建筑界现状"的讲座中，介绍了欧美的事例与追求英国风格的英国国会大厦设计竞赛的情况，并对其重要性

----

1 《建筑杂志》，第 289 期，1911 年。——原注

进行了指摘。[1]"代表某一国家、某一时代的建筑，会因其所处时代的不同而各具差异。"它曾经是宗教建筑，而在社会体制改变后的今天，变为了议会建筑。日本在古代引进亚洲艺术之后，直到平安时代才完成了日本化的改造。由此看来，对外国事物的消化可能需要100年的时间。这是一个十分有趣的时间跨度。因为以现代主义为基础的传统论争，大约发生在明治维新之后的第90个年头。只不过那时已是战败后的时代，国家意识成了需要被否定的概念，而民众这一自下而上的视角成了重点。

活跃于当时的美术评论家黑田鹏心，也在《议会建筑的意义》与《作为实际问题的建筑》[2]中展开了议论。他在前者中谈到，"美术是国民性的成果"，而建筑是美术的一个门类。在议事堂这种大型建筑之中，也存在对雕刻与绘画的大量使用。"明治时代以王政维新为伊始，实现了国会的创设，以及在海外对台湾、库页岛与朝鲜半岛的兼并"，考虑到"最近十几年间的国土扩张"，议会建筑实为"举国上下的重大问题"。黑田还在后者中指出，如果存在"日本的国民样式"，那么无须赘言，从目的与材料两方面出发，就

---

1 《建筑杂志》，第291期，1911年。——原注
2 均重新收录于《建筑杂志》，第286期，1910年。——原注

无法直接使用过去的样式。他还说到，使用西洋的样式虽然简单，但是由于"其在观感上令人不悦"，于是出现了和洋折衷的方案，不过还是希望建筑师务必使用"明治日本式"进行设计。如此一来，"议会建筑必将成为明治的全体日本人共同创造的明治艺术瑰宝"。

美术界的社交阵地国华俱乐部，也在1910年3月向当局递交了《有关议事堂建筑的意见书》[1]。文中写到，模仿欧美的设计实为"洋风的奴隶"，既不好称其为"日本建筑"，又不好称其为"明治的样式"。为了"发扬明治的现代文艺美术并代表国民的精神"，议事堂"应当在展现其雄伟壮丽的规模的同时，成为充分表达国家与国民的特性、代表时代的建筑"。也就是说，它是怀揣强烈的"日本"意识，同时肩负着来自美术界的巨大期待的项目。

东京美术学校校长正木直彦在《国民对于议会建筑的态度》[2]一文中主张，议事堂就像奈良的东大寺一样，是一项机会难得的大型工程，"从建筑本身的性质来看，无论如何都必须由日本人亲手完成"。建筑还应当使用国产材料，"我等相信，可以创造出与明治的国运相符的新样式"。如此一

---

1 《建筑杂志》，第280期，1910年。——原注
2 《建筑杂志》，第289期，1911年。——原注

来，"汇聚了日本人的全体智识与日本的全部技术的明治50
年时间的缩影"，将通过这件"标本呈现给后世"。因此，"我
认为议会建筑将是引发日本建筑样式大革命的重要建筑"。
不过，它尚未引起国民的足够重视。此外，众议院议员长
岛鹫太郎也在《关于议会建筑》[1]一文中，表达了"所有人都
希望应用我国美术的建筑物得以建造"的观点，同时还谈
及了国民缺乏自觉的问题。

以不满收场的设计竞赛

作为学会运动的成果，设计竞赛形成了不规定具体样
式、排斥外国人、只有"帝国臣民"才有资格参加的局面。
那么这次竞赛的结果又获得了怎样的反响呢？

在1918年公布设计要点之后，共收到了118件参赛作
品，其中第一轮评审中有20件当选，第二轮评审中有4件
当选，此外还有16件落选作品被评为佳作，这些当选方案
被东京教育博物馆集中展示。大熊喜邦在《议会建筑计划
沿革与征集方案》[2]一文中回顾了竞赛的经过与结果。他认为
并不存在出类拔萃的第一名，"几乎没有超越过去的形式的

---

1 《建筑杂志》，第291期，1911年。——原注
2 《建筑杂志》，第396期，1919年。——原注

设计"。立面也几乎都是在建筑中央立起高塔或穹顶的设计，如果将118件方案分类的话，其中文艺复兴系列的有53件，新倾向或与之类似的有58件，以及日本式的1件，其他类的6件。在文艺复兴系列之中，有2件"在日本式的混合中加入日本趣味"的方案，1件加入东洋趣味的方案。而在新倾向的类别之中，不过是一些在墙壁上开洞，或是仅由竖向线条构成的浴衣[1]一样的方案罢了。

评委曾祢达藏在《关于议会建筑竞技设计》[2]一文中总结到，那时当局已经完成了平面研究并公布了参考图纸，所以实际上这是一次靠建筑外观取胜的设计竞赛。虽然存在对体现国民性的样式的追求，但是这对非木造的建筑而言实属不易，如果想要将西洋风与日本风融合，从而得到令人满意的结果，"姑且不论将来，至少在当下，没有非凡的天才是不可能做到的"。

像议事堂这样的高层建筑，本就在日本没有多少先例可循，其体量与比例也与传统存在矛盾。也正因为此，才会出现在样式的范畴内追求日本式的行为，并最终导致了帝冠样式的登场。当时距离浜口隆一在战时提出的，从与

1　浴衣：简化后的和服，多于夏季与非正式的传统活动中穿着。
2　《建筑杂志》，第396期，1919年。——原注

样式相关的"物体性、构筑性",向与现代主义关联的"行为性、空间性"转换的理论登场,还有很长的一段路要走。

伊东忠太虽然对参赛者与评委们所付出的努力感到钦佩,却在"粗略地浏览了各份图纸之后大失所望"[1]。他对方案中缺少现代样式的现象提出了质疑,认为就像使用源氏物语中的日语记录现代生活的奇怪行径一样,"用古代样式直接描绘当今建筑的做法没有任何意义"。他唯一感到遗憾的是,自己为反对"建筑样式采用文艺复兴式,尽可能加入本国趣味"的当局方案,并最终将设计要点变更为"建筑设计需要保持议会的庄严形象,提交的建筑样式交由参赛者自主选择"所付出的努力。欧洲的议会建筑是19世纪的遗留物,现代社会由于"凌驾于所有主义之上的新主义的崛起",期盼着进化后的样式的出现。伊东所追求的是,"能够发扬现代国家繁荣昌盛的精神的样式",即"蕴藏严肃认真的力量与全力付出的灵魂,活在现代的建筑"。他希望第一名的设计无法付诸实施并就此搁置,然后通过其他适当的方法获得适当的方案。

年轻建筑师也发起了猛烈的攻击。中村镇在《议会建

---

1 伊东忠太:《关于议会建筑设计竞赛的感想》,载《建筑杂志》,第396期,
 1919年。——原注

筑的问题》[1]一文中，传递了青年建筑师对获选方案无实质内容的形式模仿感到愤慨，并要求重新举行设计竞赛的呼声。文章指出，议会建筑是"实现国民的性情与理想，象征国民与时代的文化的建筑。也就是说，它必须是包含纪念意义——对政治制度、艺术与科学等先进之处的彰显——的一大办公建筑，必须是令国民抬头仰望并感受崇高的民族精神，赞颂璀璨的文化光辉，怀着自由、安宁与进取之心，歌颂在祖国生活的喜悦之情的国民建筑"。这座建筑如此重要，其设计方案却是一塌糊涂，而落后于时代的年迈评委，也是问题的症结所在。评委的人员构成决定了其对方案的倾向，也造成了"时代错置的著名山寨建筑的当选"。

以《建筑非艺术论》闻名的野田俊彦的《议会建筑当选方案观察》[2]也同样不留情面。应征方案之中混杂着日本血统的细部，"这其中虽有一些值得惊叹的奇思巧构"，但国粹"在我看来实为多余之物"。正所谓不可盲从过去，需要注重原创。学习历史的目的在于了解各个时代的样式诞生的原因，而在今天仍然采用过去样式的做法显然是不合理的。文章主张，如果将建筑当作艺术对待的话，首先应当

---

1 《大正日日新闻》，1920年1月1日—3日，载《日本建筑宣言文集》。——原注
2 《建筑杂志》，第396期，1919年。——原注

确定设计人选，而设计竞赛的形式实在是有害而无益。

恐怕没有多少人会觉得现在的国会议事堂是一座日式建筑。该项目在立项多年后的1936年完工之时，成了与时代潮流脱节的设计。明治曾是一个相信可以人为创造国民建筑的时代。然而，它就像海市蜃楼一样不见了踪影。设计竞赛也以寻求国民样式的失败而告终。话虽如此，它也成了日本建筑界实现设计理论化，从超越物体本身的、形而上的概念出发思考问题的契机。其结果是，与其他同样抱有近代化即西洋化问题的亚洲国家相比，日本在这段时间完成了相当厚重的传统论的积淀。

事实上，传统论锻炼了建筑师的思考。近代之后，有关日本特质的讨论以不同的形式反复展开。在此过程之中，以样式为中心的价值观土崩瓦解，"发现"了与传统建筑之间的共性的现代主义也告一段落，重新评价"和"的后现代主义宣告终结，国家也改变了它的模样。也就是说，国家的形象借由各个时代的传统论被反向投射了出来。而日本特质的概念，为近代之后的建筑界带来了活力，成为驱动其发展的动力源泉。

后 记

如通奏低音[1]一般贯穿本书的主题是，围绕日本特质展开的帝冠样式类事物的抬头与对它的抵抗。前者不单单包含所谓的帝冠样式，还涵盖了从只要使用木构就代表日式的、投机取巧的思维，到对表面化的元素的采样等各式事物。另一方面，后者指向的是，对更加抽象的建筑空间与构成的讨论，以及反其道而行的、从具体的气候与环境等条件出发进行设计的态度。

特别是炫技般地建立了连接传统与现代回路的空间理论与构成理论，还在建筑领域中起到了锤炼高水平的讨论的作用。其结果是，21 世纪初期的日本建筑进化到了被世界认可的水准。

---

1 通奏低音：指巴洛克音乐里低声部的特殊记谱方式，或持续演奏的低声部伴奏和弦。比喻持续隐藏在表面之下的思想与主张。

然而，这并不代表其势头会一直保持下去。在笔者还是学生的时候，美国的建筑界曾是世界的引领者。事实上，美国虽然带动了20世纪后半期的后现代主义的理论与实践，但就像其建筑师已经有一段时间没有获得过普利兹克奖一样，在不知不觉中失去了特殊的地位。不能说日本就一定不会重蹈美国的覆辙。特别是围绕新国立竞技场的诸多问题已令设计的状况显著恶化，或许已为日本建筑师留下了祸根。但愿在30年后回顾今天之时，不会将现在视为日本建筑走向末路的开始。就算出于这种目的，重新考证近代之后的日本建筑理论，也是一件有意义的工作。

另外笔者从前曾多次遇到学生将辰野金吾的东京站与片山东熊的东京国立博物馆表庆馆等样式建筑称为"拟洋风"的情况。通常将堀江佐吉设计的弘前市的建筑群等由木工匠人模仿西洋样式所造的建筑称为"拟洋风"，将接受过大学教育的人员的建筑作品称为"近代建筑"。虽然是学生们的用词错误，但这种错误所代表的直观感受却十分有趣。因为笔者在见识了大量的西洋古建筑之后，再次观察日本的"近代建筑"时发现，它们确实不是同一种建筑。

当然，法国与英国的建筑也存在不同，美国与澳大利亚更是有着巨大的差别。如果以意大利的古典主义为标准的话，那么留学海外的日本人群体，在对样式的深入理解、细部与比例等方面也多有不妥。仅靠短暂的海外旅居，确实无法完全吸收历史积淀深厚的样式。况且两国的文化背景与技术体系本就不同。因此，在海外看来，虽然远东的国家做了拼尽全力的模仿，但不论是开智学校还是东京站，都因不够完善而成了广义上的"拟洋风"。如果300年后的日本对其19世纪后半期至20世纪初期的状况进行记述的话，或许会从对西洋的模仿这一点出发，将二者归为一类。

另外还有完全相反的情况。例如，日本人传教士在夏威夷建设了模仿高知城的玛基基基督教堂（1936年），在当地看来，那是应被称为"拟日风"的设计。

不管怎样，可以从"拟"字中感受到贬义的感情色彩，而同样奇怪的是将设计者的教育背景与视觉的样式概念直接联系在一起的做法。既然如此，或许可以尝试导入积极评价多元文化的克里奥尔[1]概念，并勇于将这些建筑全部归为"拟洋风"的范畴，从这一点出发重新对日本的近代进行评价。笔者希望可以借此关注物质与样式的外在变化，并尝试对日本特质进行思考。即便到了现代，在模仿西洋风的婚礼教堂中仍会出现龃龉。另一方面，如果观察谷口吉生

---

1 克里奥尔：指代克里奥尔人与克里奥尔语等多种概念。克里奥尔人，泛指在殖民地出生长大的、原住民以外的各类人种。克里奥尔语，指宗主国与殖民地的两种语言混合后形成的语言。

的建筑可以发现，虽然当事人没有太多表态，但是日本对现代主义有着极高的接纳程度，以至于时而给人一种青出于蓝的感觉。

笔者在完成关于18世纪法国建筑的学士论文，和关于中世纪建筑与音乐的硕士论文之后，从博士课程开始投身于日本近代建筑的研究。那时为了思考建筑与思想的关系而对新宗教做了调查，并将成果汇总成了博士论文，其主要内容被收录于《新编 新宗教与巨大建筑》（2007年）一书之中。担任该书编辑的是天野裕子女士，这次也同样受到了她的关照。本书起初是与筑摩书房的汤原法史先生一同策划的围绕"日本"展开的建筑理论书籍，暂定名为《皇居与原爆穹顶》。不过，由于一直没有完整的时间执笔，导致计划推迟了十年以上之久，几乎成了束之高阁的事项。那段时间里还发生了东日本大地震，日本的情况也随之发生了巨大的变化。大约在两年前，接手此项策划的天野女士提出了在电子媒体 cakes 上连载的方案，提议就像起搏器一样令执笔终于步入了正轨，并努力坚持直至最终完成。如果没有天野女士，就不会有本书的诞生。希望借此机会表达对她的感谢之情。真的太感谢了。另外，围绕东北大学研究生院的课程大纲，与学生们展开的有关"日本"建筑的讨论，也为本书带来了巨大的刺激效果。如果说新宗教研究是以特异的视角论述日本与传统的话，那么这一次就是从日本与传统的正中心出发，对相同课题进行了展开。本书如果能在日本被再次频繁提起的时代到来之际，为议论水平的提高贡献一份力量的话，将深感荣幸。

建筑索引

译名对照表